눈이 즐거운 물리

눈이 즐거운 물리

김상협

호기심 많은 김상협 선생님의 즐거운 물리 이야기

사이언스 북스
SCIENCE BOOKS

책을 시작하며

고대 그리스 사람들은 신기한 보석 '호박'을 발견했다. 노랗고 투명한 이 보석을 문지르면 이상하게도 주변의 먼지가 잘 달라붙었다. 당시 사람들은 이런 현상이 왜 일어나는지 궁금했지만, 호박의 표면을 눈으로 관찰하는 것 이외에는 달리 연구할 방법이 없었다.

호박의 신비는 그로부터 2,000여 년이 흘러 정밀한 현미경이 발명되고 나서야 서서히 풀리기 시작했다. 과학자들이 호박의 표면을 현미경으로 관찰하고 연구한 결과, 호박을 문질렀을 때 먼지가 달라붙는 일들은 원래 '눈으로는 볼 수 없는 현상'이 중요한 역할을 한다는 것을 알게 되었다.

눈으로 볼 수 없는 것들은 '상상'해야 한다. 물리학자들은 호박 주위에 먼지가 달라붙는 현상을 이해하기 위해 온갖 실험 방법과 설명 가설을 상상했다. 그 결과 물리학자들은 호박과 먼지 사이에서 작용하는 눈에 보이지 않는 현상이 무엇인지 밝혀냈다. 그리고 이 현상을 아주 편리하게 이용할 수 있게 되었다.

이것은 무엇일까?

바로 '전기'다.

물리학은 따지고 보면 전기처럼 보이지 않는 것들에 대한 끊임없는 탐구를 통해 발전했다. 눈앞에 있는 현상들을 지배하는 보이지 않는 원리들을 찾는 법이 물리학인 것이다.

이 책에서는 일상에서 흔하게 볼 수 있는 현상들 이면에 있는 보이지 않는 원리를 어떻게 찾을 수 있는지 그 방법들을 내 자질구레한 경험들을 통해 소개하고자 한다. 뭔가 기묘한 현상을 봤을 때 번뜩 떠오르는 물음들을 주변의 일상 도구를 이용한 실험으로 해결하는 나름 흥미로운 방법들을 내 몸으로 보여 줄 것이다. 그리고 과학에서 상상력이 무엇보다 중요하다는 것을 알려 주고자 한다.

「눈이 즐거운 세상 첫 번째: 겨우 볼 수 있는 세상」에서는 너무 작아서 겨우 볼 수 있는 세상에 관해 다룬다. 거친 표면이나 작은 구멍에서 일어나는 신비한 현상을 소개할 것이다. 「눈이 즐거운 세상 두 번째: 눈으로는 볼 수 없는 세상」에서는 우리 눈의 한계 때문에 보지 못하는 세상을 들려 줄 것이다. 마지막 「눈이 즐거운 세상 세 번째: 눈에 보이는 것과 다른 세상」에서는 보이는 것과 다른 세상에 대해 알아보겠다. 보이지 않기 때문에 우리는 '상상'을 하게 되는데 우리가 상상해 낸 잘못된 생각들이 꽤 많이 있기 때문에 '몹쓸 과학'이라고 이름 지어 소개하고자 한다.

각 장에는 좀 더 쉽게 설명하기 위해 '눈이 즐거운 물리' 코너를 만들었다. 학교에서는 보지 못했던 재치 있고 유쾌한 그림이 이 책에 가득할 것이다. 또한 각 페이지 오른쪽에는 친절한 과학 선생님이 등장해 여러분의 궁금증을 효자손처럼 팍팍 긁어 줄 것이다. 이제 눈이 휘둥그레지도록 즐거운 물리의 세계로 출발해 보자.

2010년 겨울
김상협

책을 시작하며   4
이 책에 대하여   8

1
겨우 볼 수 있는 세상

냉장고 자석의 N극은 어딜까?	12
현수막으로 무지개 만들기	20
낙타가 바늘 구멍 통과하기	28
블라우스가 물에 젖으면 속살이 비치는 이유	34
극장 스크린을 거울로 만들면 어떻게 될까?	40
장님이 왜 등불을 들고 다닐까?	46
도로 표지판에서 무지개 찾기	50
콜라는 왜 유리컵에 따라 마셔야 맛있을까?	56
방방곡곡 눈이 즐거운 과학관 산책1	64

2 눈으로는 볼 수 없는 세상

네온사인의 숨 막히는 호객 행위	68
도서관에서 몰래 책 빌리기	72
찜질방 수건의 외출	78
디지털의 완성 "삑"	84
테이블 벨 질식시키기	90
방방곡곡 눈이 즐거운 과학관 산책2	96

3 눈에 보이는 것과 다른 세상

지구에서 무중력 만들기	100
색깔이 변하는 자동차	106
내 뒷머리를 잘 보려면?	116
우물 안 개구리는 행복할까?	124
등대 렌즈는 주름 물통	132
방방곡곡 눈이 즐거운 과학관 산책3	138

| 참고 자료 | 140 |
| 찾아보기 | 142 |

이 책에 대하여

과학샘
'수업은 학생들의 상상력을 자극할 수 있을 정도로 재밌어야 한다.'고 늘 생각한다. 과학이 재미없다는 편견은 잊어라!

보람이
과학샘이 아끼는 애제자. 장난꾸러기이지만 과학실험을 위해서라면 몸을 아끼지 않는다.

아람이
보람이와 함께 과학샘의 애제자. 보람이가 실험에 뛰어들 때 냉철하게 과학 원리를 탐구한다. '확대해 보기, 엿들어 보기' 코너에서 만날 수 있다.

물리가 반짝
본문에서 설명하지 못한 알짜 정보를 실었다. 인터넷으로 검색해 보거나 직접 실험해 본다. 집에서 따라해 볼 수 있는 것도 많이 있다.

눈이 즐거운 물리
각 장의 핵심 주제를 그림과 사진으로 보여 준다. 이 책의 제목이 왜 '눈이 즐거운 물리'인지 알게 될 것이다.

> **규모는 다르지만 같은 현상**
> 바다의 아름다운 석양과 비 오는 날 전조등은 규모만 다를 뿐, 과학적으로는 완전히 같은 현상이다. 과학은 때와 장소에 관계없이 언제나 우리에게 자연의 아름다움을 볼 수 있는 즐거움을 준다.

그런데 그 '등불'은 직접 빛나기도 하지만 위 사진처럼 도로 표면에서 빗물로 인해 반사되어 빛나기도 한다. 나는 이럴 때마다 이 광경이 석양이 바다에 드리워진 모습과 무척이나 닮아 있어서 주위 사람들에게 그 이유를 설명하고 나와 같이 느끼도록 강요하고는 했다. 결국은 모두 허사였지만 말이다. 그러나 넓고 광활한 바다의 석양을, 비 오는 날 도시 한 구석에서도 작은 규모로 느낄 수 있다는 것은 색다른 즐거움이 아닐 수 없다.

난반사
거친 표면에서 빛이 불규칙하게 모든 방향으로 반사되는 것

● 우리가 전조등의 빛을 보는 원리 ●

마른 도로와 달리 비가 내린 도로는 거친 틈에 빗물이 고여 거울처럼 매끄럽게 된다. 따라서 도로로 비춘 빛이 반사되어 되돌아오지 않고 앞으로 곧바로 나아간다.

먼 위 사진처럼 유난히 표지판이 밝게 빛나는 것을 볼 수 있다. 표지판에 거울을 단 것도 아닐 텐데 어떻게 멀리서도 밝게 볼 수 있는 것일까?

그 비밀은 표지판 표면을 관찰하면 알 수 있다. 표지판 표면을 자세히 들여다보면 놀랍게도 금속판을 덮고 있는 필름 안에 촘촘하게 구슬이 박혀 있는 것을 볼 수 있다. 과연 구슬은 어떤 역할을 할까?

구슬로 글자를 보면 글자가 커 보인다. 구슬이 빛을 모아 주는 볼록 렌즈의 역할을 한다. 구슬은 전조등의 불빛이 난반사되어 퍼지지 않게 모아 주고, 구슬로 들어온 전조등 빛은 몇 번의 굴절과 반사를 거쳐 들어온 방향으로 다시 나간다. 결국 전조등의 빛이 운전자에게로 고스란히 되돌아가게 되는 것이다.

52쪽 사진과 같이 검은 판에 흰 종이와 반사 필름을 붙이고 빛이 거의 없는 곳에서 플래시를 터뜨리며 촬영해 보았다.

가장 오른쪽에 있는 도로 표지판 필름이 플래시 빛을 가장 많이 반사했으며, 흰 종이보다는 큰 구슬판이 더 많은 빛을 반사했다.

원리는 같지만 조금 다른 형태의 것이 있다. 델리네이터와 표지병이라는 것인데 이것은 정육면체의 한쪽 구석을 잘라서 수직을 이루는 세 개의 면들을 촘촘히 박아 놓은 것이다. 이것도 구슬과 마찬가지로 들어오는 방향 그대로 빛을 되돌려 반사시킨다.

자동차의 브레이크등이나 자전거에도 델리네이터와 같은 구조로 되어 있는 부분이 있다. 밤에 길가에 주차된 차량의 위치를 알려 주거나 어두운 곳에서 자전거의 위치를 제대로 알려 주어 충돌을 피하기 위해서 널리 사용되고 있다.

도로 표지판과 무지개의 공통점?

이제 조금 다른 주제로 넘어가 무지개에 대해 이야기를 나누어 보자. 도로 표지판 이야기를 하다가 갑자기 생뚱맞게 무슨 무지개냐고 물을 수도 있

도로 표지판을 확대경으로 관찰해 보기

확대해 보기

델리네이터와 표지병
밤이나 비오는 날에도 도로의 차선이나 위험 지역을 알아보기 쉽게 하기 위해 델리네이터와 표지병을 설치한다. 빛을 비추면 비춘 방향으로 다시 반사시키는 장치이다.

델리네이터와 표지병

델리네이터를 확대한 것

자전거에 부착한 반사등 / 자동차의 브레이크등

확대해 보기
「눈이 즐거운 세상 첫 번째: 겨우 볼 수 있는 세상」에 나오는 핵심 코너이다. 확대해 보면 세상이 달라지고 물리 지식이 넓어진다. 책에 나오는 몇 가지 소재를 확대해 본다.

친절한 과학샘
김상협샘을 캐릭터화했다. 생소하거나 어려운 용어가 나올 때마다 등장해 친절하게 설명해 준다. 본문에 '노란 색연필'이 나온다면 눈여겨보자.

노란 색연필
언뜻 어려워 보이는 단어들이라 두려워 말자. 친절한 과학샘 코너에서 보충 설명을 해 준다. '노란 색연필'이 나오면 과학샘을 찾아보자.

테나의 역할을 한다.

버스나 지하철역에 있는 교통 카드 단말기는 전파를 내보낸다. 교통 카드를 단말기에 가까이 가져가면 단말기의 전파 때문에 교통 카드에 내장되어 있는 코일에 전류가 흐르게 되고 카드에 있는 칩은 이 전류를 전원으로 삼아 칩에 담긴 정보를 단말기에 보낸다. 카드 번호 같은 정보를 수신한 단말기는 차비가 500원이니 500원을 달라고 다시 신호를 보내고, 카드는 500원을 주고 남은 돈이 얼마인지를 다시 칩에 저장한다. 이 과정이 성공적으로 완결되면 "삑" 소리와 "감사합니다."라는 사무적인 여성 목소리가 단말기에서 울린다. 삑 소리는 말 그대로 디지털의 완성을 뜻하는 신호인 셈이다.

누드 교통 카드 만들기

교통 카드와 단말기의 은밀한 대화

엿들어 보기
「눈이 즐거운 세상 두 번째: 눈으로는 볼 수 없는 세상」에 나오는 핵심 코너이다. 눈으로는 볼 수 없으니 귀를 가까이 대고 그들의 대화를 엿들어 보자. 세상 모든 물건은 우리 몰래 대화를 나누고 있다.

눈이 즐거운 세상 <u>첫 번째</u>

겨우 볼 수 있는 세상

풀잎에 맺힌 두 종류의 이슬 방울.
왼쪽 것은 은색으로 반짝거리지만 오른쪽 것은 잎 표면에 달라붙어 잎 표면을 확대해 보여 준다.

풀잎 위에 맺힌 이슬 방울은 영롱하다. 풀잎을 따라 굴러떨어지는 은빛 방울의 향연을 보고 있자면 그 아름다움에 매료되어 풀잎에 따라 맺히는 물방울이 다르다는 것을 지나쳐 버리고 만다.

비가 온 뒤 주변의 풀잎을 자세히 관찰해 보면 이슬 방울이 송알송알 맺히면서 은색으로 빛나는 것도 있지만, 잎에 달라붙어 잎맥을 확대시켜 보여 주는 것도 있다.

이슬 방울 모양이 달라지는 것은 잎의 표면이 다르기 때문이다. 맨눈으로는 잘 볼 수 없지만 현미경으로 들여다보면 잎 표면에 잔털이나 돌기가 나 있는 것이 있다. 이런 잎에 생긴 이슬 방울이 잎 표면에 직접 닿지 않고 떠 있게 된다. 이러한 물방울은 빛을 투과시키지 않고 반사해 우리 눈에 은빛으로 보이게 된다.

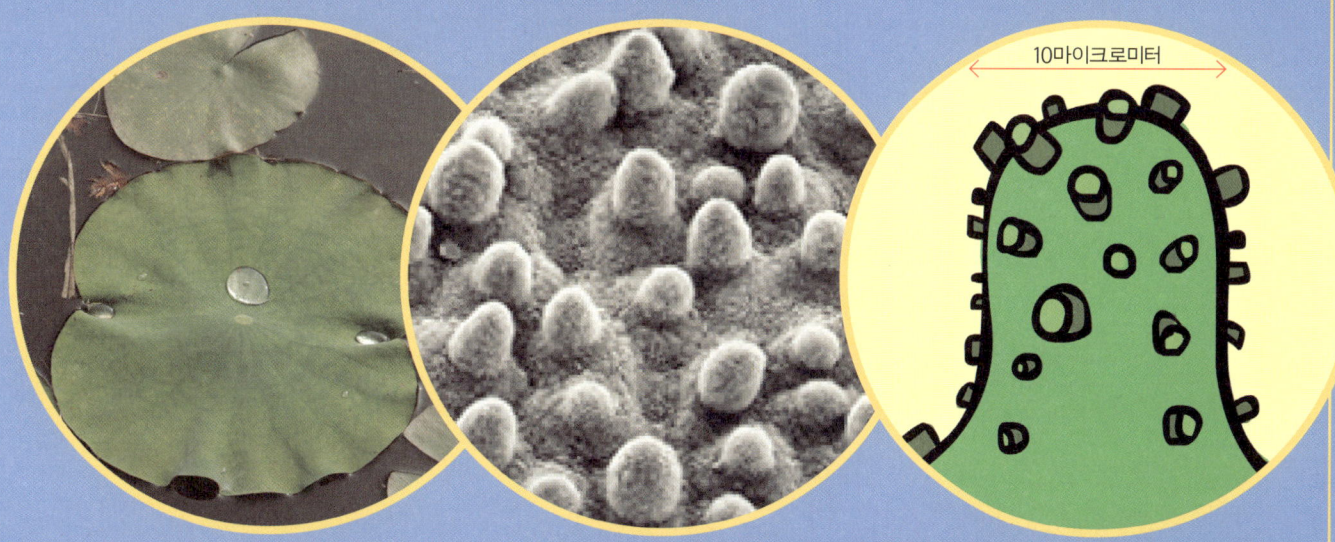

이처럼 눈에는 잘 보이지 않는 아주 작은 구멍이나 표면의 작은 특징이 매우 중요한 역할을 할 때가 있다. 이런 작은 차이를 현미경을 통해 확대해 보면서 그 속에 숨어 있는 과학 원리를 알아보고, 작은 세상에서 일어나는 신비한 현상을 만나 보자.

연잎의 표면은 아주 작은 돌기들이 솟아 있어 물방울이 잎의 표면에 붙어 있지 않고 떠 있다. 이 때문에 연잎에서는 옥구슬 같은 물방울이 맺히는 것이다.

냉장고 자석의
N극은 어딜까?

냉장고 자석의 N극을 찾아라!

「하우 두 데이 두 잇?(How do they do it?)」은 다큐멘터리 전문 채널인 '디스커버리 채널'의 한 프로그램 제목이다. 우리말로 하면 '어떻게 그렇게 될까?' 정도가 되겠다. 이 프로그램은 우리 주변의 갖가지 물건들이 어떻게 만들어지고 어떤 방식으로 처리되는지를 다루는 다큐멘터리다. 예를 들면 동남아시아의 운동화 공장에서 운동화가 어떻게 만들어져 유럽과 미국에서 어떻게 팔리는지를 자세하게 살펴보는 식이다. 한 시간 분량에 서너 가지 물건을 다루는데 선박 건조에서 사탕 제조까지 우리 주변의 평범한 물건들을 시시콜콜 그냥 지나치지 않고 각각의 특별한 사연을 시청자에게 들려준다. 나는 이 프로그램을 즐겨 본다.

어느 날도 이 프로그램을 흥미롭게 지켜보았다. 방송이 끝날 무렵 점심시간이 되어 근처 중국 음식점에 자장면을 시켰다. 자장면을 가져온 배달원은 냉장고에 붙이라며 전화번호가 적힌 <mark>자석</mark> 홍보물을 주고 갔다. 앞면에는 상호와 전화번호가 적혀 있고 뒷면에는 흑갈색 고무 자석이 붙어 있는 평범한

자석의 역사
2,000년 전 그리스의 마그네시아라는 마을에서 구두에 박힌 못과 쇠 지팡이가 검은 돌에 달라붙는 것을 발견했다. 이것이 최초의 자석 발견으로 여겨진다. 자석을 뜻하는 영어 이름 'magnet'은 이 마을 이름을 딴 것이다.

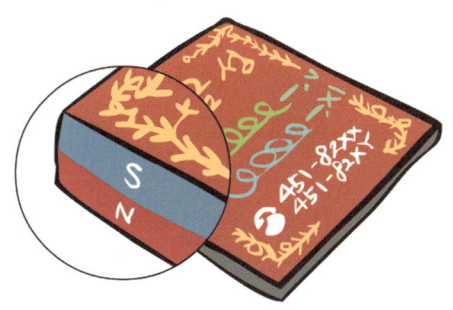

광고물이었다. 나는 조금 전까지 시청하고 있던 「하우 두 데이 두 잇?」 프로그램이 생각났다. 이 고무 자석은 어떻게 만들어지는 것일까? 궁금한 것이 있으면 참지 못하는 나는 바로 인터넷 검색을 시작했다.

고무 자석을 만드는 회사 홈페이지에서 몇 가지 정보를 얻은 후, 중국집 자석 홍보물을 만지작거리다가 '어느 쪽이 N극일까?' 하는 생각이 들었다. 보통 자석은 N극과 S극으로 극성을 표시해 주는데 이 고무 자석은? 집안에 굴러다니는 작은 네오디뮴 자석을 가지고 와서 고무 자석 앞뒤로 대 보았다. 그런데 무엇인가 이상했다. N극과 S극이 납작하게 앞뒤로 배치되었을 것이라 생각했는데 전혀 그렇지 않았다. 생각대로라면 네오디뮴 자석을 앞뒤로 대 보면 같은 극을 대었을 때에는 밀리거나 다른 극을 대었을 때에는 당기거나 했어야 했는데, 네오디뮴 자석을 한쪽 면에 대고 있는데도 고무 자석은 밀리고 당기고를 반복하고 있었다.

무언가 특별한 사연이 있음이 틀림없다. 나는 심증을 잡은 강력반 형사처

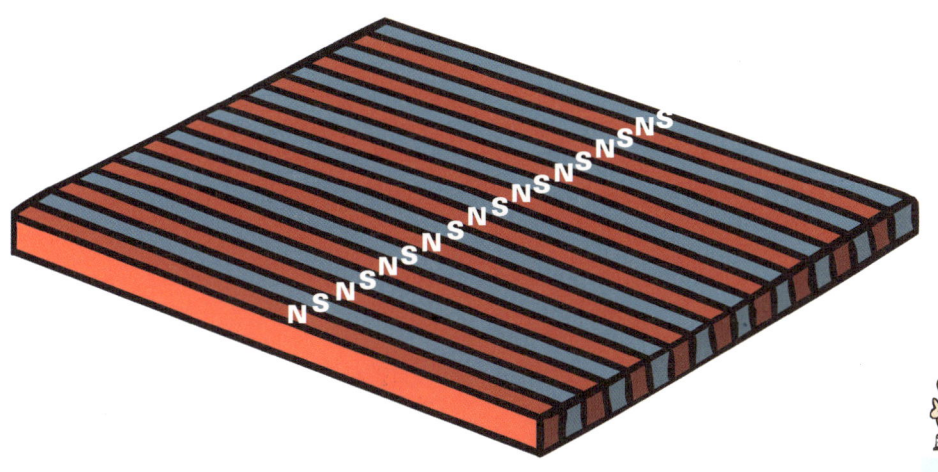

물리가 반짝

인터넷에서 찾아보기
고무 자석에 대한 더 많은 정보를 얻기 위해 인터넷 검색을 하다가, 고무 자석을 생산하는 한 회사 홈페이지에서 다양한 정보를 얻을 수 있었다.(www.magtopia.com) 고무 자석 이외에도 페라이트 자석, 네오디뮴 자석, 알니코 자석 등이 있었다. 그중 고무 자석은 '페라이트'라는 자기 물질을 플라스틱 수지에 섞은 후, 외부에서 자기장을 걸어 주어 만든다고 한다.

네오디뮴(Nd) 자석
네오디뮴과 산화철 등을 섞어 만든 합금 자석으로 작은 크기에도 강한 자기력을 가지고 있다. 주로 작은 모터나 스피커에 사용된다.

겨우 볼 수 있는 세상

럼 이 '석연치 않은' 자석의 정체를 반드시 파헤치기로 마음먹었다.

일단 네오디늄 자석을 한쪽 면에 대고 조금씩 움직이면서 끌어당기는 위치를 표시했다. 펜으로 표시해 나가다 보니 점점 그 규칙성이 나타났고 생각보다 쉽게 자극들의 배치를 그릴 수 있었다. 놀랍게도 N극과 S극은 세로줄로 배치되어 있었다!

그런데 이렇게 일일이 자기 배치를 손으로 그릴 필요 없이 직접 눈으로 보여 주는 필름이 있다. 'Magnetic field viewing film'이라는 것인데 우리말로는 '자기력선 보이개'쯤 되겠다.

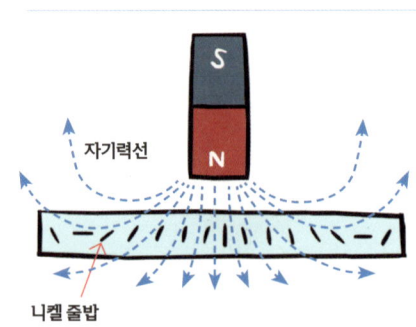

자기력선 보이개의 비밀!

고무 자석에 이 자기력선 보이개를 대 보니 신기하게도 자기 배치가 단번에 그려졌다. 신이 나서 자석이 있을 법한 여러 물건에 대 보기 시작했다. 자석이 있는 곳이면 영락없이 어두운 초록색과 밝은 초록색이 무늬를 만들어 냈다.

자석 가까이에 이 자기력선 보이개를 가져가면 자석 주변에 철가루를 뿌린 것처럼 필름 안의 줄밥은 자석이 만드는 자기장의 모양에 따라 배치된다. 오른쪽 그림처럼 자기장이 자기력선 보이개의 필름에 수직으로 지나가면 줄밥도 수직으로 서 있게 되고, 자기장이 필름과 수평하게 지나가면 줄밥은 따라 눕는 식이다.

필름의 작은 셀에는 초록색 액체가 들어 있어 가만히 놔두면 초록색이지만 자석을 가져다 대면 줄밥이 눕느냐, 서느냐에 따라서 빛이 반사되는 정도가 달라져 줄밥이 누운 부분은 밝은 초록색으로, 줄밥이 선 부분은 어두운 초록색으로 보이게 된다. 마치 밤에 초록색의 버티컬 블라인드를 세우면 어두운 창밖이 보이지만 손잡이를 돌려 밖이 보이지 않게 버티컬 블라인드를 눕히면 밝은 초록색 버티컬 블라인드가 보이는 것과 같은 원리이다.

자기장, 줄밥
자석 근처에 철가루를 뿌리면 자기장 모양이 나타나는데 철가루와 같이 작은 금속 가루들을 줄밥이라고 한다.

자기력선 보이개를 현미경으로 관찰해 보자

한편, 이렇게 빛을 반사시킬 정도의 입자라면 현미경으로도 보일 것 같

자기력선 보이개

자기력선 보이개는 작은 셀들을 포함하고 있는 얇은 플라스틱 판으로 만들어져 있다. 작은 셀에는 진한 초록색의 액체에 니켈 줄밥이 혼합되어 있어서 자석을 가까이 가져가면 니켈 줄밥이 움직여서 초록색의 밝은 무늬와 어두운 무늬를 만들어 내 자석이 만드는 자기력선을 보여 준다.

냉장고 부착용 고무 자석

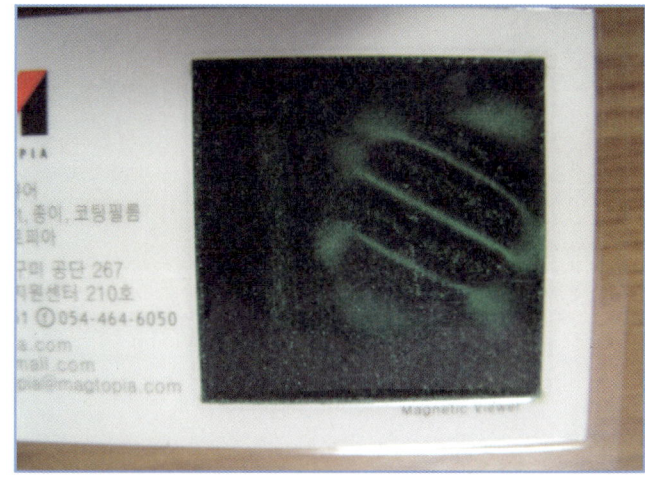

냉장고 부착용 병따개의 자석

전자 기기 부착용 고무 자석

은 예감이 들었다. 그래서 니켈 줄밥을 직접 관찰해 보기로 했다. 과학실에서 현미경을 가지고 와서 자기력선 보이개를 들여다보았다. 기포처럼 동그란 셀이 보였다. 그리고 안에는 초록색 액체가 들어 있었다. 자석을 가져가니 액체 안에서 밤하늘의 은하수처럼 아름답게 빛나던 초록 알갱이들이 보였다 사라졌다 하면서 자기장의 신비를 생생하게 보여 주었다.

 미국 뉴멕시코 대학교의 스티븐 캐님(Stephen Kanim)과 그의 동료는 자기력선 보이개를 수업 시간에 활용하는 방법을 고안해 그중 몇 개를 《물리 선생님(The Physics Teacher)》이라는 잡지에 기고했다. 학생들에게 자기 배치를

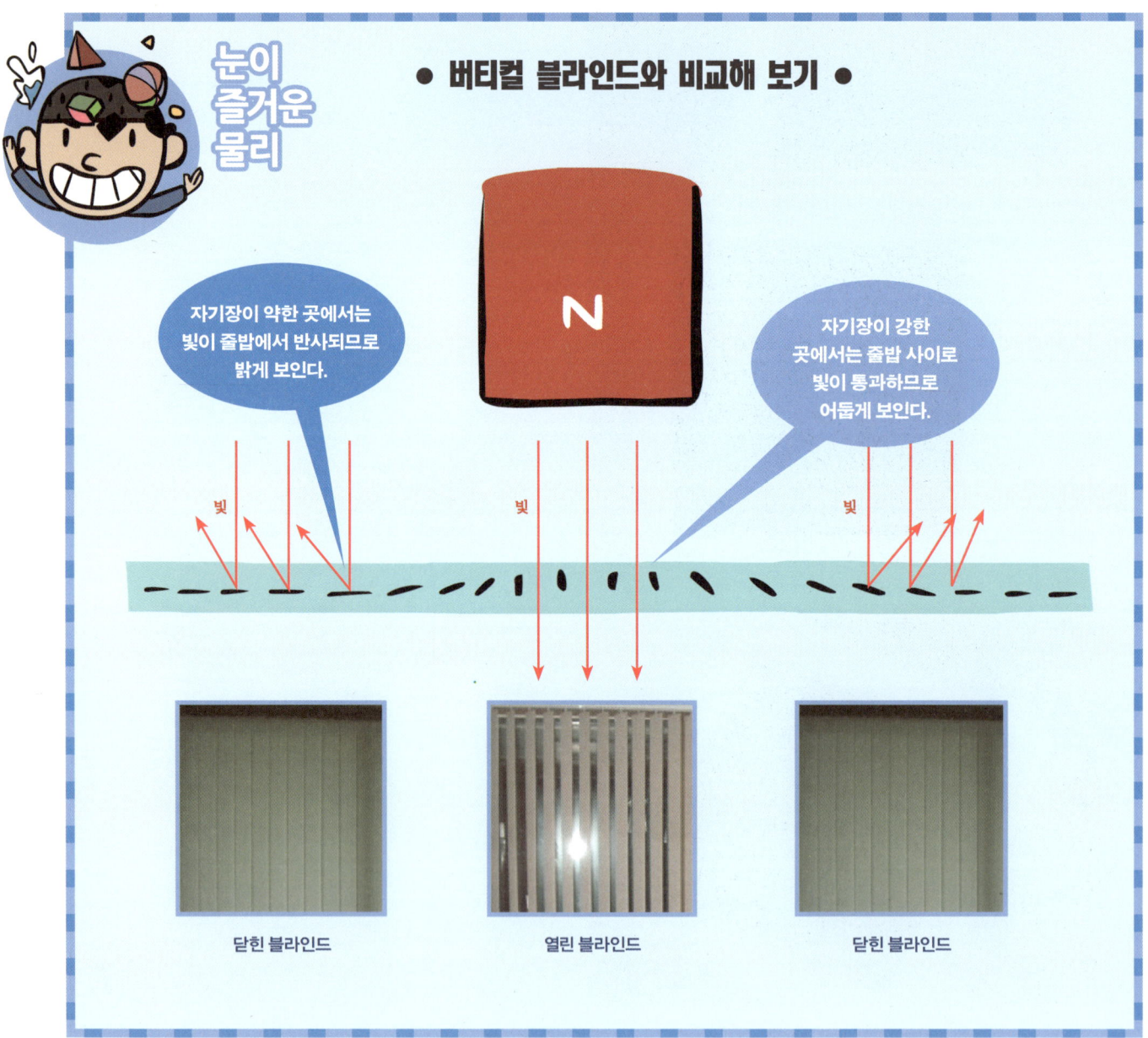

16 눈이 즐거운 물리

예상하게 한 다음, 자기력선 보이개를 이용해 확인하는 방법으로 자기장의 개념을 공부하게 했더니 학생들의 흥미와 이해도가 높아졌다고 한다. 이 잡지에는 '냉장고 자석'을 주제로 한 논문도 실렸다. 별걸 다 수업에 활용하는가 싶을 테지만 이렇게라도 하지 않으면 미국 학생들은 수업에 아예 집중을 하지 않는다고 한다. 우리나라 학생들은 아직 이런 자기력선 보이개 없이도 수업에 집중을 잘한다. 입시 위주 교육 환경 덕분일 텐데, 이것을 꼭 좋다고 해야 할지는 잘 모르겠다.

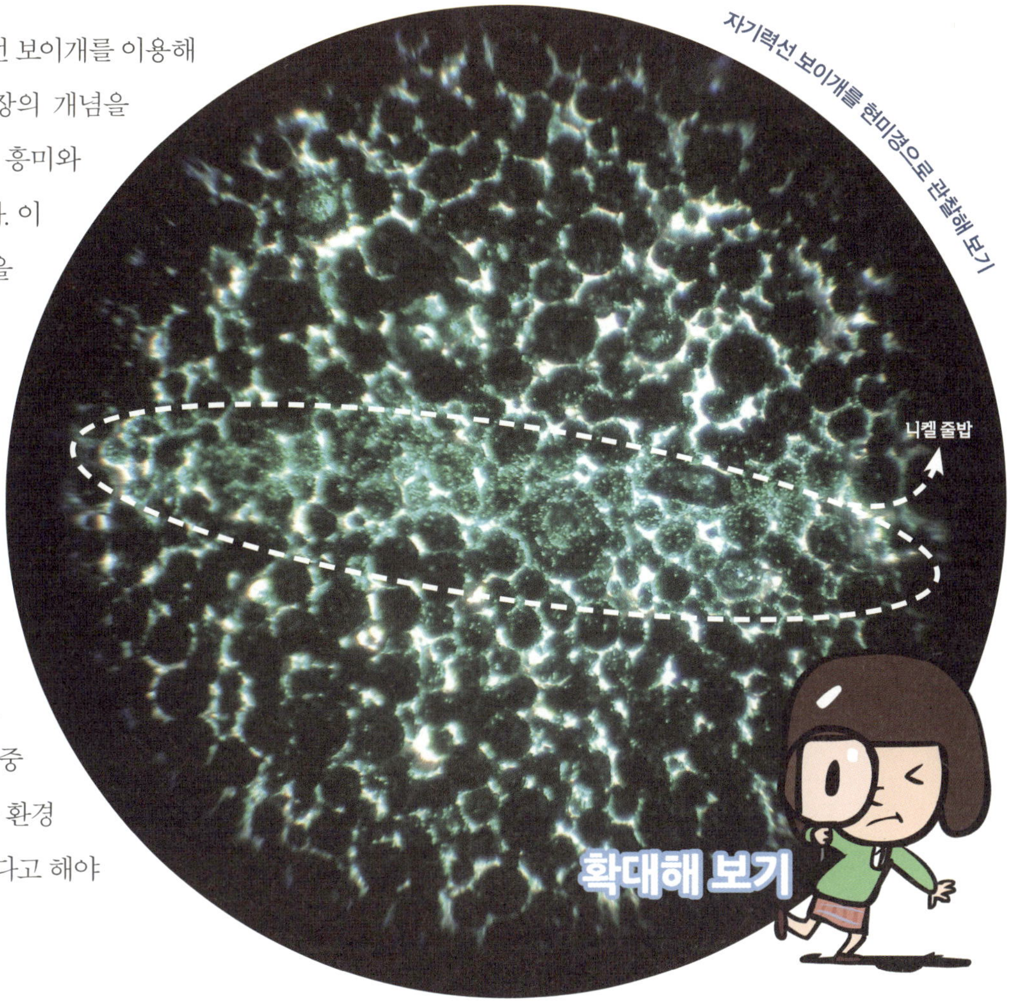

자기력선 보이개를 현미경으로 관찰해 보기

니켈 줄밥

확대해 보기

줄무늬 속옷을 입은 냉장고 자석

자기력선 보이개를 가지고 노는 것에 재미를 붙인 나는 집 안에 있는 온갖 자석 제품에 이 녀석을 들이대던 중, 문득 석연치 않은 의문이 들었다. 왜 고무 자석이나 페라이트 자석은 여러 개의 자석을 세로줄로 이어붙여 만드는 걸까? 큰 자석 하나를 사용해 만드는 게 제조 과정도 단순하고 가격 절감의 효과도 있을 텐데 왜 굳이 번거롭게 여러 개를 붙여 사용하는 것일까?

결국 몇 시간을 고민하다가 두 가지 가설을 얻게 되었다.

가설 1. 작은 자석 여러 개가 냉장고의 내부 회로에 영향을 덜 준다.
가설 2. 작은 자석 여러 개를 쓰는 것이 값이 싸다.

이 질문에 답을 해 줄 수 있는 사람은 결국 만든 사람일 터. 결국 자석 제

지구는 커다란 자석
나침반의 N극이 북쪽을 가리키는 이유는 지구의 북극이 자석의 S극이기 때문이다. 지구는 북극이 S극이고 남극이 N극인 커다란 자석이다.

겨우 볼 수 있는 세상 **17**

조 회사 게시판에 질문을 남겨 보았다.

"왜 냉장고 자석은 작은 자석을 여러 개 붙여 사용하나요?"

그러자 놀랍게도 30분도 안 돼 질문에 대한 답글이 올라왔다.

'아니, 이 회사 사람들은 실시간 댓글쟁이들?' 답은 의외로 간단한 데 있었다. 고무 자석을 여러 개 붙여서 제작하는 것은 원래의 용도에 충실하게, 즉 '더 잘 달라붙게 하기 위해서'라고 했다.

고무 자석이 자기 밀도(자석의 세기)가 낮기 때문에 작은 자석을 여러 개 사용해야 부착력이 커지며, 일반 자석 역시 부착력을 키우기 위해서 비슷하게 만든다는 부연 설명도 답글로 올라왔다.

결론은? 더 잘 달라붙게 하기 위해서다!

휴대폰에도 자석이

언젠가 휴대폰 제조 회사에 다니는 친구에게 휴대폰에도 자석이 들어 있다는 말을 들은 적이 있다. 휴대폰이 벨소리를 내려면 스피커가 필요하기에 스피커에 자석이 들어간다는 말이었는데 내친김에 휴대폰 이곳저곳에 카드를 대 봤더니 두 개의 검은 동그라미를 발견할 수 있었다. 소리가 들리는 수화기 근처에서, 그리고 벨소리가 들리는 스피커 주변에서 이상한 무늬를 발견했다.

자기 스위치

리드 스위치라고도 한다. 자석이 가까워지면 켜지고 자석이 멀어지면 꺼지는 스위치로 출입문이나 휴대폰의 폴더에 주로 쓰인다.

지금은 잘 쓰지 않는 폴더형 휴대폰을 열고 닫을 때 마주하는 모서리 관

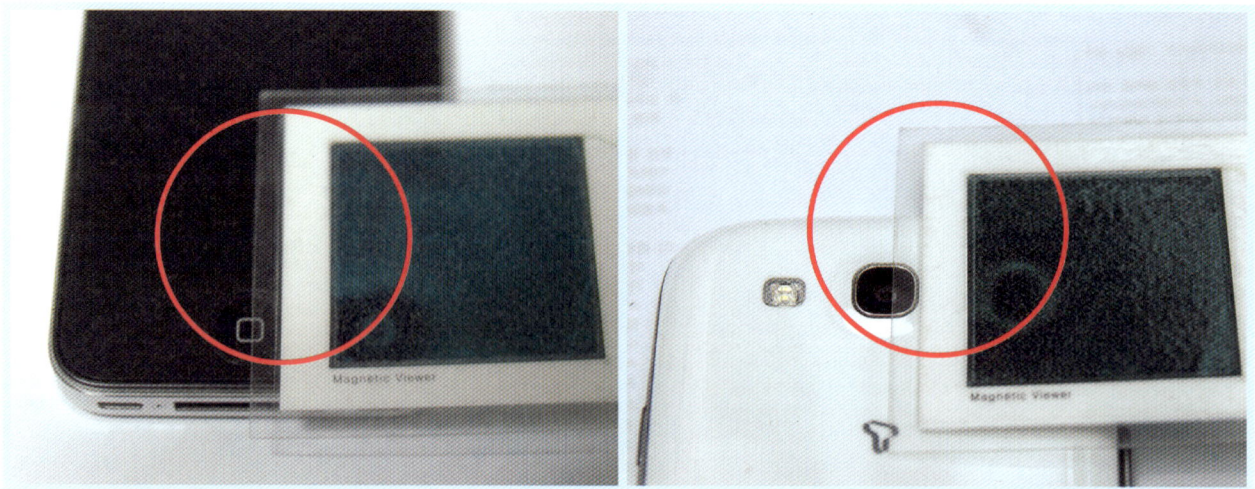

휴대폰에 들어 있는 자석

절(힌지) 부분에도 자석이 쓰인다. 이것은 자기 스위치로 휴대폰을 열면 화면이 켜지도록 하고 닫으면 화면이 꺼지도록 하는 역할을 한다.

가뜩이나 민감한 통신 장비에 왜 회로에 나쁜 영향을 줄지도 모르는 자석을 스위치로 사용할까? 플라스틱으로 스위치를 만들면 비용도 절감하고 좀 더 손쉽게 만들 수 있을 것 같은데도 말이다. 나는 가끔 휴대폰 회사에 다니는 친구에게 전화해서 안부 대신 이런 것들을 물어보는데, 그 친구의 말을 빌리면 "플라스틱 스위치보다 자석 스위치를 이용하는 것이 훨씬 내구성이 있다."라고 한다. 하긴, 별 생각 없이 하루에도 수십 번씩 휴대폰을 열었다 닫았다 하는 걸 생각해 보면 친구의 말에 고개가 끄덕여진다.

나는 오늘도 자기력선 보이개를 만지작거린다. 핸드폰만이 아니라 텔레비전에도, 전자식 열쇠에도 어떤 자석이 어떤 모양으로 숨어 있을지 궁금증이 도지기 때문이다. 자기력선 보이개는 인터넷 쇼핑몰에서 쉽게 구입할 수 있다. 가격이 싸지는 않지만 말이다. 그러나 보이지 않던 것을 보이는 것으로 둔갑시켜 주는 자기력선 보이개가 가져다주는 즐거움과 두근거림은 그 모든 것을 상쇄하고도 남는다. 여러분도 보이지 않던 것을 보는 이 즐거움을 공유해 보면 어떨까?

「하우 두 데이 두 잇?」 프로그램은 항상 이 말로 마무리한다.

"우리 일상의 평범한 물건이라도 그 물건에는 특별한 사연이 있다."

나는 이 꼭지를 이렇게 마무리해 보겠다.

냉장고 자석이 줄무늬 속옷을 입었을 줄 누가 알았겠는가?

냉장고 자석의 비밀은 줄무늬 속옷~

현수막으로 무지개 만들기

현수막 무지개에 목숨을 걸다!

중요한 전화를 하다 보면 통화에 집중하느라 눈앞에 무엇을 봐도 본 것 같지가 않다. 눈은 뜨고 있지만 신경이 온통 귀로 가 있기 때문이다. 그런데 나는 그렇지 않은 경험을 한 적이 있다.

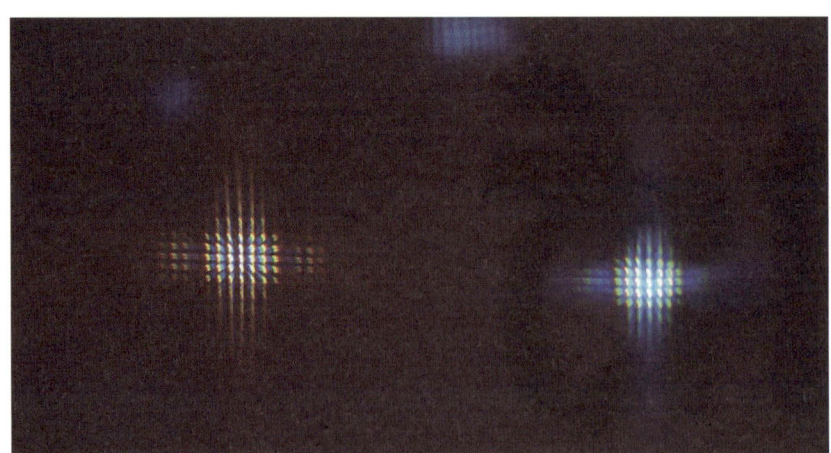

현수막 천으로 인해 회절된 가로등 불빛이 무지갯빛으로 빛나고 있다.

흰색 빛은 현수막을 통과하면서 여러 색의 빛으로 나뉜다. 이것을 회절이라고 한다.

대학원에 다니던 시절 멀리 떨어져 지내던 아내와 한창 원거리 연애 중이었기에, 밤이 되면 가로등 아래 벤치에 앉아 꽤 오랫동안 통화를 하고는 했다. 그러던 어느 날, 사랑하는 임의 목소리가 황홀했는지 그날 따라 눈앞에 있던 노란 가로등 불빛이 마치 샹들리에 불빛처럼 무지갯빛으로 아름답게 보이는 것이 아닌가? 어리둥절해져서 눈을 비비고 다시 봤는데도 역시 노란 불빛은 온데간데없고 황홀한 무지개만 찬란하게 남아 있었다.

이 무지갯빛은 대체 어디서 온 것일까? 다가가 보니 가로등 앞에 현수막이 걸려 있는 것이 아닌가? 그 순간 이 멋진 광경을 당장 사진으로 남겨야겠다는 충동이 들었다. 난 아내와 통화 도중 말도 없이 전화를 끊고 부리나케 연구실로 뛰어 들어가 카메라를 들고 나왔다. 그리고 신나게 사진을 찍었다.

신기한 장면을 놓치면 다시 볼 수 없다는 생각에 다음 날 아내에게 어떤 응징을 당했을지는 여러분의 상상에 맡기겠다.

20쪽 아래 있는 현수막이 만든 무지개 사진은 나름대로 위험을 무릅쓰고 찍은 제법 사연 있는 사진이다.

겨우 볼 수 있는 세상

프리즘 무지개

이 현수막 무지개는 빛이 현수막 천을 이루고 있는 섬유들 사이의 작은 틈을 통과하면서 휘어져 생긴 결과이다. 현수막을 확대해서 보면 가는 섬유가 종횡으로 얽히고설켜 있는 것을 볼 수 있다. 그리고 그 사이에는 작은 구멍들이 나 있다. 빛이 이 자그마한 구멍 사이를 지날 때 회절이 일어나 무지개가 만들어진다.

일종의 파동이기도 한 빛은 장애물이 없으면 똑바로 나아가는 성질이 있는 반면, 장애물이 있으면 통과하지 못하고 그림자를 만든다. 그리고 장애물의 모서리에서 휘어지는 성질이 있다. 이것을 회절이라고 한다.

대부분의 사람들은 무지개가 모두 굴절로 인해 만들어진다고 생각한다.

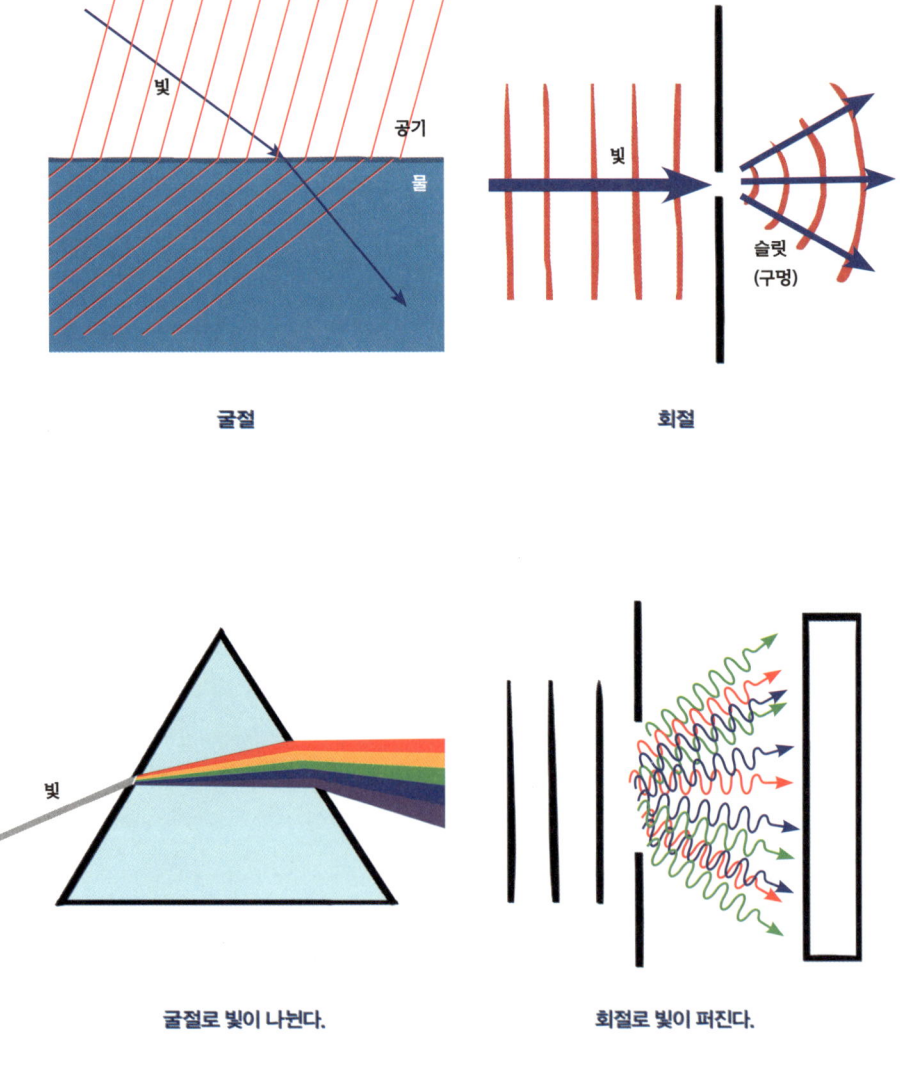

굴절 / 회절

굴절로 빛이 나뉜다. / 회절로 빛이 퍼진다.

회절과 굴절
파도가 방파제 사이를 지나면서 넓게 퍼지듯이 빛과 소리도 같은 현상을 보인다. 이것이 회절이다. 굴절은 빛이 물질의 경계 면에서 꺾이는 현상이다. 굴절은 물이나 유리 등에서 쉽게 볼 수 있지만 회절은 아주 작은 틈이나 구멍을 통과해야만 보이기 때문에 자주 관찰하기는 어렵다.

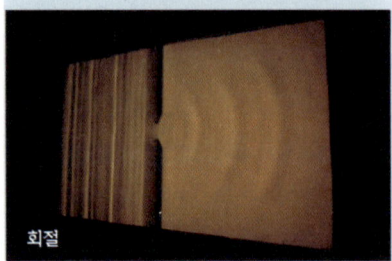

회절

그러나 굴절뿐만 아니라 회절로도 무지개를 만들 수 있다.

빛이 물이나 유리 등을 통과하면 공기에서보다 속도가 느려진다. 그래서 공기 중을 이동하던 빛이 물이나 유리 같은 다른 매질 속으로 들어갈 때 표면을 비스듬하게 통과하면 속도 차이로 인해 빛이 꺾이게 되는데, 이 현상을 굴절이라고 한다. 같은 물질에서라면 빛의 색에 따라 꺾이는 정도, 즉 굴절 정도가 다르다. 빨간색에 해당하는 빛은 적게 꺾이고 파란색에 해당하는 빛은 많이 꺾인다. 프리즘이 무지개를 만드는 원리가 바로 이것이다.

현수막 무지개의 원리

반면 현수막은 프리즘과는 다른 방법으로 무지개를 만든다. 현수막 천의 작은 틈으로 들어간 빛은 회절되어 넓게 퍼진다. 마치 엄마 몰래 컴퓨터 게임을 하는데 좁은 문틈으로 게임 소리가 퍼져나가 들키는 것처럼 빛도 작은 틈으로 들어가면 퍼진다. 그런데 이때 빛은 프리즘처럼 빛의 색에 따라 일정한 각도로 꺾이는 것이 아니라 여러 색이 골고루 퍼진다. 그래서 프리즘에 흰 종이를 대면 무지갯빛을 볼 수 있지만 현수막에 흰 종이를 대면 아무것도 볼 수 없다.

현수막 천을 이루는 섬유 사이의 틈으로 들어간 빛은 넓게 퍼진다. 빛 역시 파도 같은 파동의 일종인데, 파도의 꼭대기인 마루 부분이 다른 파도의 마루 부분과 합쳐지면 파도가 커지듯이, 같은 색 빛의 마루 부분이 겹쳐지면 빛이 강해진다. 파

현수막 천을 가까이서 찍어 보기

확대해 보기

낮에 현수막 천을 가까이서 찍은 사진이다. 빛은 이 작은 틈을 통과해 아름다운 색으로 나누어진다.

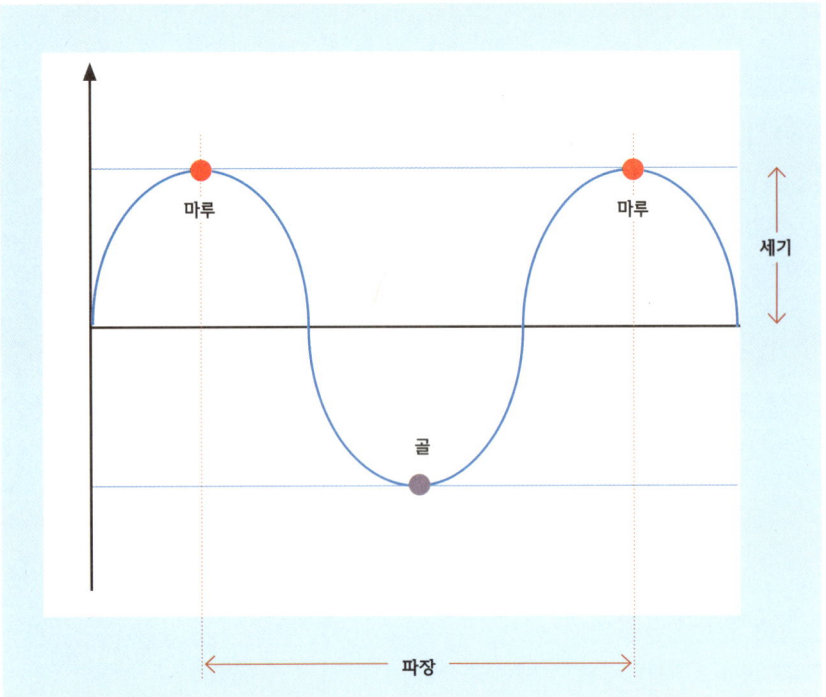

파동의 마루와 골

도의 낮은 부분을 골이라고 하는데 높은 '마루'와 낮은 '골'이 만나면 파도는 없어지고 만다. 빛의 경우에는 눈에 보이지 않게 된다. 그래서 각기 다른 색의 빛이 퍼지다가 어떤 위치에 빨간색 빛의 마루가 모이면 그곳은 빨간색이 강해져 빨간색으로 보이고 파란색 빛의 마루가 모이면 파란색으로 보이는 것이다.

모기장으로 무지개를 만들 수 있다

현수막이 아닌 다른 천으로는 회절 현상을 관찰할 수 없을까? 유명한 회절 실험으로 빛이 '파동'임을 입증한 영국의 물리학자 토머스 영(Thomas Young)은 카드를 칼로 긁어 틈을 여러 개 만들고 그 틈으로 빛을 통과시켜 회절 무늬를 관찰했다. 학교에서 학생들과 함께 이 실험을 할 때는 유리판을 촛불로 검게 그을린 다음 면도칼로 그어 아주 가는 틈을 만들고 그 틈에 레이저 빛을 쏘아 회절을 관찰한다. 하지만 물리학은 실험실에 갇힌 학문이 아니다. 우리는 빛의 회절 실험을 우리 주변에서 쉽게 찾을 수 있는 물건으로 즐길 수 있다.

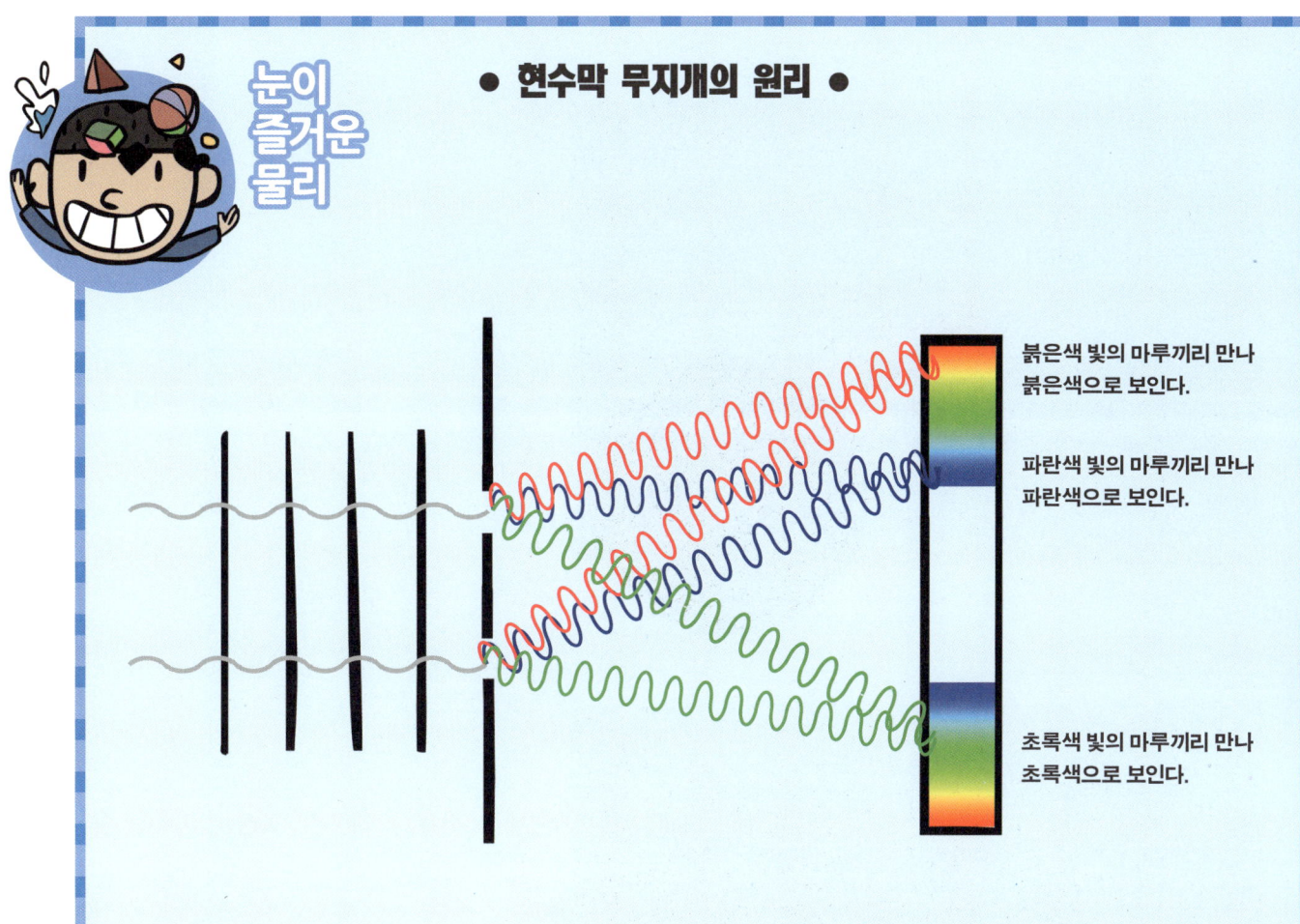

● 현수막 무지개의 원리 ●

붉은색 빛의 마루끼리 만나 붉은색으로 보인다.

파란색 빛의 마루끼리 만나 파란색으로 보인다.

초록색 빛의 마루끼리 만나 초록색으로 보인다.

집안 구석구석을 뒤져 약간 듬성듬성한 직물 구조의 모시 옷을 발견했다면, 그리고 무심코 창밖을 보다 성긴 모기장을 발견했다면, 이 두 가지 물건으로 회절 실험을 할 수 있다. 회절에 영향을 주는 것은 빛의 파장과 틈의 간격이다. 빛의 파장은 우리가 어찌할 수 없으므로 같다고 치고, 틈의 간격은 모시가 모기장보다 더 촘촘하다. 회절을 좀 더 잘 보려면 멀리서 관찰해야 한다.

26쪽 상자의 사진을 보자. 모시의 회절 무늬가 모기장의 회절 무늬보다 더 분명해 보인다. 틈이 좁을수록 회절 현상이 더 잘 일어나는 것이다.

이런 작은 틈을 여러 개 만들면 빛의 색을 분리할 수 있는데, 이 원리를 이용해 빛을 분리할 수 있는 장치는 누군가 이미 만들어 놓았다. 회절 격자 분광기라는 기다란 이름까지 있다. 「색깔이 변하는 자동차」(106쪽)에서 간단히 만드는 방법을 소개할 예정이다. 기대하시라.

모시와 모기장으로 본 무지갯빛

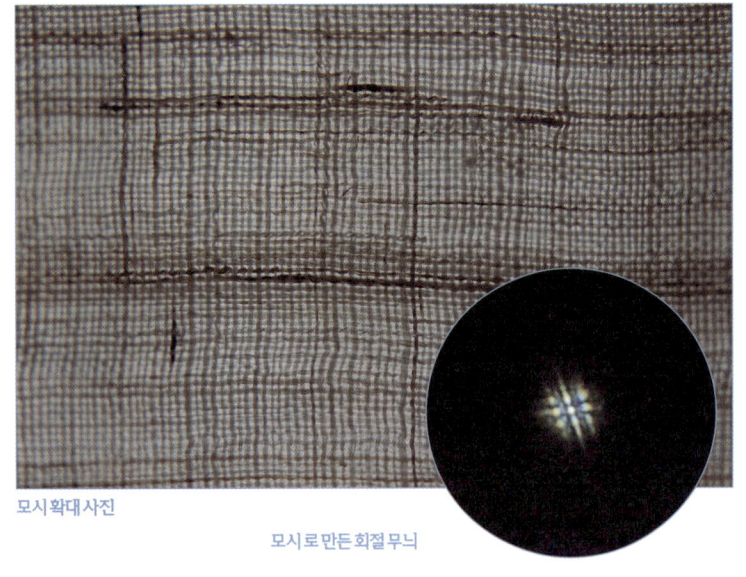

모시 확대 사진

모시로 만든 회절 무늬

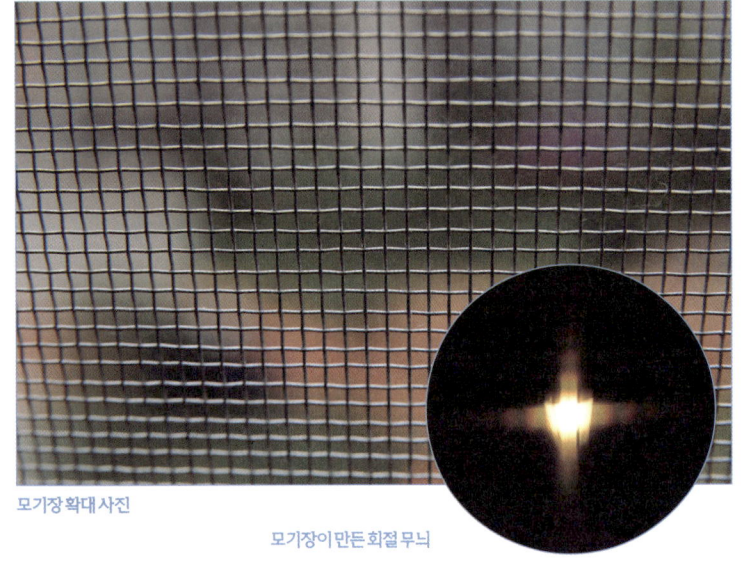

모기장 확대 사진

모기장이 만든 회절 무늬

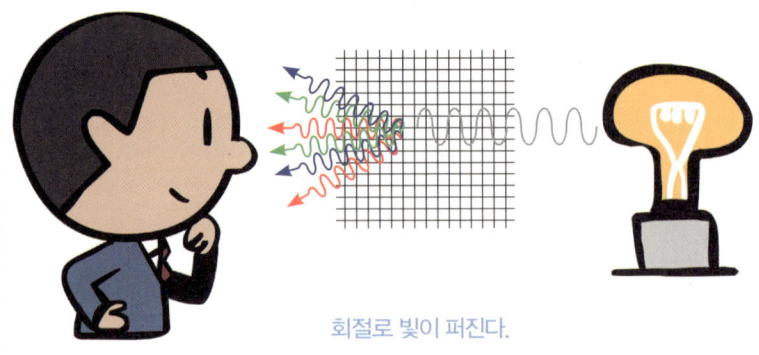

회절로 빛이 퍼진다.

회절 격자 분광기

분광기: 빛의 색을 분리하는 도구이다. 분광기는 여러 분야에 두루 쓰이는데 주로 스펙트럼을 분석함으로써 빛의 구성 성분을 밝혀내거나, 물질에 빛을 비춰 그 회절 무늬를 분석해서 물질의 미세한 구조를 파악하는 데 쓰인다. 천문학에서는 별에서 오는 빛을 분석해서 별의 구성 물질이 무엇인지, 별이 다가오는지 멀어지는지를 파악하는 데 쓰인다.

회절 격자 분광기: 작은 틈을 여러 개 만들어 빛의 색을 분리하는 데 쓰이는 도구이다.

모기장이나 모시 옷 말고도 빛이 지나갈 틈이 있는 물건이라면 회절 현상을 이용해 무지개를 만들 수 있다. 다양한 물건을 이용해 무지개를 만들어 보고 어떤 무지개가 가장 아름다운지 비교해 보는 것도 흥미로운 일일 것이다. 우리 주위에는 무지개를 만들 수 있는 물건들이 널려 있으니 눈여겨보았다가 직접 그 아름다움을 체험해 보자.

낙타가 바늘 구멍 통과하기

낙타가 바늘 구멍을 통과하는 마술

우리는 아주 어려운 일을 비유할 때 "낙타가 바늘 구멍 통과하기"라고 한다. 그런데 왜 하필 다른 동물도 아니고 낙타일까? 바늘과 낙타는 전혀 상관이 없는데 말이다.

"낙타가 바늘 구멍을 통과하는 것이 부자가 천국에 들어가는 것보다 쉽다."는 유명한 성경 구절인데, 이는 잘못 번역된 것이다. 성경을 그리스 어로 번역한 사람이 예수 시대 이스라엘 사람들이 쓰던 아람 어 'gamta(밧줄)'를 'gamla(낙타)'로 보았기 때문이다. 그러므로 "밧줄이 바늘 구멍을 통과하는 것이 부자가 천국에 들어가는 것보다 쉽다."가 맞는 표현일 것이다. '밧줄이 바늘귀를 통과하는 것' 역시 쉽지 않은 일이지만 낙타보다는 나은 것처럼 보인다.

하지만 물리학에서는 밧줄뿐만 아니라 낙타도 아주 쉽게 바늘 구멍으로 통과시킬 수 있다. 빛만 있다면 꼭 낙타뿐만 아니라 세상의 모든 물체를 바늘 구멍으로 통과시킬 수 있다. 바로 '바늘 구멍 사진기'를 이용하면 된다.

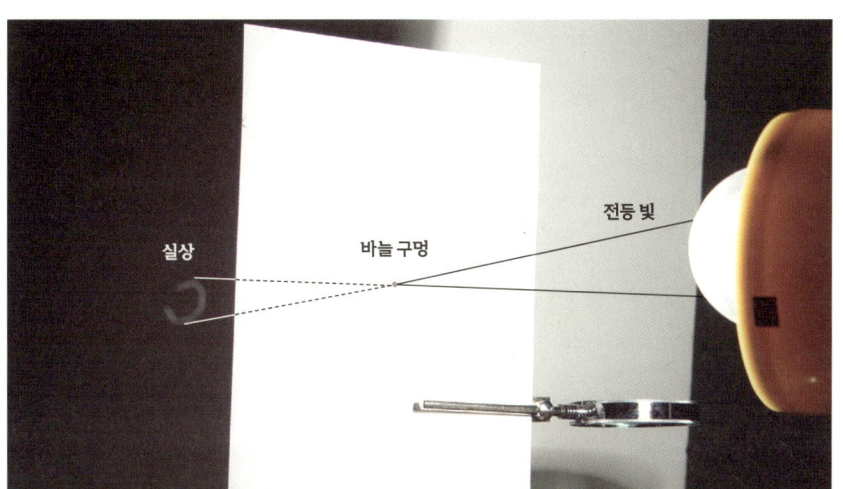

바늘 구멍 사진기를 이용하면 낙타를 바늘 구멍으로 통과시켜 필름에 상이 맺게 할 수 있고 그곳에 흰 종이를 대면 실상을 관찰할 수도 있다. 실상은 바늘 구멍을 통과해 안쪽에 있으므로 낙타는 결국 바늘 구멍을 '통과'한 것이 되지 않는가?

그러면 낙타도 통과하는 바늘 구멍에 대해 좀 더 자세하게 알아보자.

위 사진처럼 바늘 구멍을 뚫고 전등을 비추면 벽에 전등의 필라멘트가 보인다. 이것은 전등의 필라멘트에서 나온 빛이 바늘 구멍을 통과해 스크린에 도달했기 때문에 생긴 모습이다. 이때 벽이 스크린 역할을 한다. 물리학에서는 이렇게 빛이 모여 물체의 형상을 만들어 낸 것을 '상'이라고 한다.

바늘 구멍 사진기의 가장 큰 특징은 일반 사진기와 다르게 렌즈가 없다는 것이다. 따라서 빛이 굴절하지 않기 때문에 초점을 맞출 필요가 없다. 그래서 스크린을 멀리 두면 상이 커지고 가까이 가져가면 상이 작아질 뿐이다. 집에서도 간단한 실험을 할 수 있다.

구멍을 여러 개 뚫으면 어떻게 될까?

여기서 궁금증이 생긴다. 과연 구멍을 여러 개 뚫으면 어떻게 될까? 실험하기 전 결과를 예상해 보는 것은 과학을 공부할 때 아주 좋은 방법이다.

위 사진처럼 정확히 구멍의 개수대로 상이 생긴다. 이것은 전등에서 나간 빛이 여러 개의 구멍을 통과하면서 스크린에 닿기 때문에 나타나는 현상이다.

실상
실상은 빛이 지나가는 곳에 있는 상이다.

초점
가까이서 온 빛과 멀리서 온 빛이 렌즈를 통과하면서 꺾이는 정도가 다르기 때문에 초점을 맞추어야 한다. 그러나 바늘 구멍 사진기는 빛이 '꺾이지' 않기 때문에 초점을 맞출 필요가 없다.

그렇다면 만약 스크린과 바늘 구멍 사이에 볼록 렌즈를 두면 어떻게 될까? 좀 더 선명한 하나의 상이 생겼다. 이것은 바늘 구멍을 통과한 여러 개의

구멍마다 한 개씩 상이 생긴다.

빛이 렌즈를 통해 모아졌기 때문이다. 그래서 여러 개의 필라멘트 상보다 밝은 하나의 상을 볼 수 있다. 이 경우는 렌즈가 빛을 굴절시키기 때문에 렌즈의 위치를 조절해 초점을 맞추어야 한다.

이번에는 바늘 구멍 대신에 렌즈를 여러 개 놓아 보자. 렌즈는 바늘 구멍보다 크고, 빛을 모으는 성질이 있기 때문에 상이 좀 더 밝아졌다.

 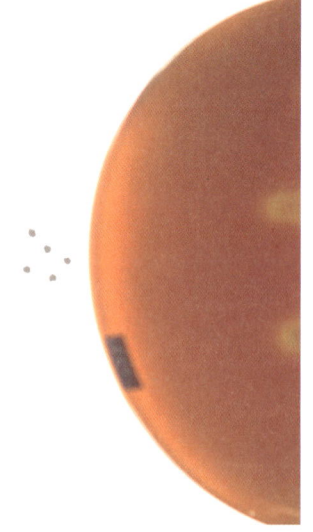 

여러 구멍을 통과한 빛을 렌즈가 모아 주어 한 개의 상이 생긴다.

동물의 눈
동물의 눈은 다음과 같이 비유할 수 있다.
- 개의 눈: 흑백 텔레비전
- 고양이의 눈: 야간 투시경
- 뱀의 눈: 적외선 투시 카메라
- 매의 눈: 망원경
- 개구리의 눈: 움직임 감시 카메라 (움직이는 것만 보인다.)

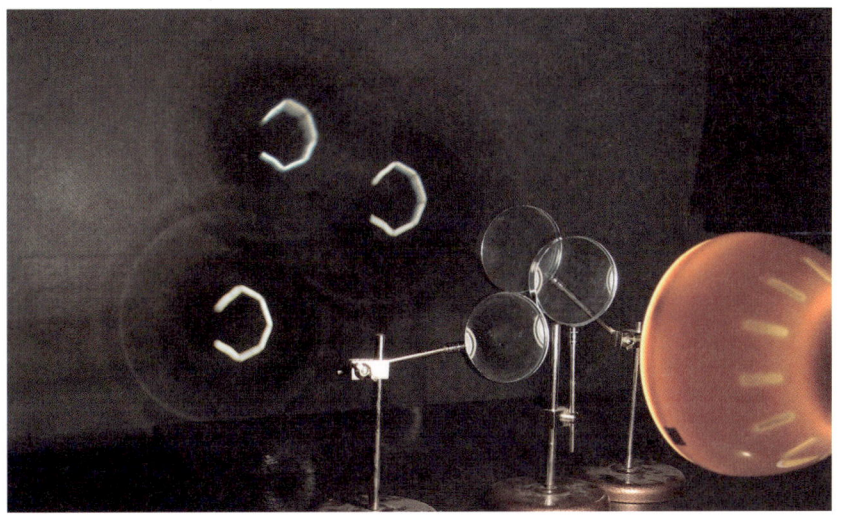

여러 개의 렌즈는 각각의 상을 만든다.

구멍을 크게 만들면 어떻게 될까?

그렇다면 비슷한 방법으로 바늘 구멍의 크기를 크게 하면 많은 빛이 통과해서 좀 더 밝은 상을 맺을 수 있을까? 구멍을 크게 할 경우 상은 흐릿해진다. 통과하는 빛의 양은 많아지지만 구멍이 커서 빛이 퍼지기 때문이다. 그래서 상을 밝고 선명하게 하려면 큰 구멍 앞에 커다란 렌즈를 놓아야 한다. 그러면 렌즈를 통과한 빛이 굴절되어 스크린의 한 점으로 모이게 되고 초점만 잘 맞춘다면 바늘 구멍보다 훨씬 밝고 선명한 상을 얻을 수 있다. 이 원리를 이용해 만든 것이 바로 카메라다. 카메라에는 스크린의 위치에 필름이 있기 때문에 사진으로 '기록'

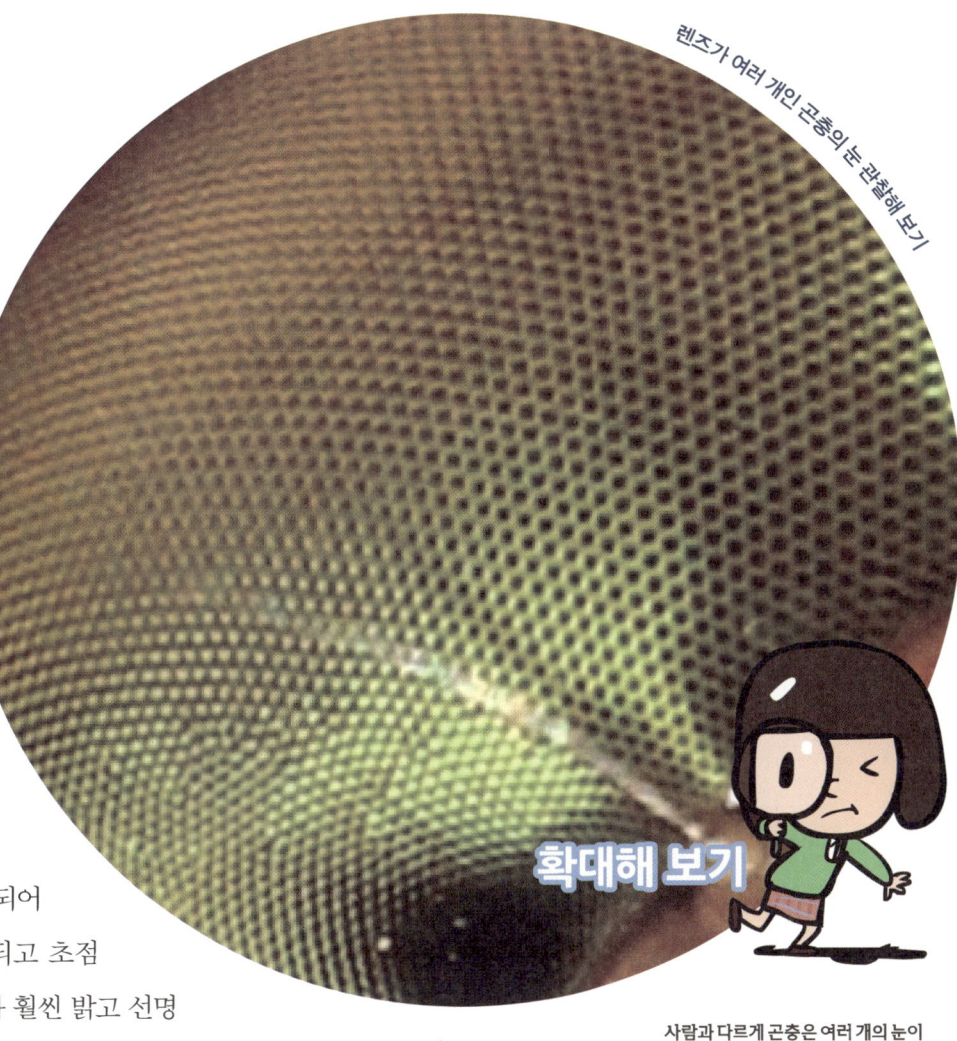

렌즈가 여러 개인 곤충의 눈 관찰해 보기

확대해 보기

사람과 다르게 곤충은 여러 개의 눈이 겹쳐진 겹눈을 가지고 있다. 그래서 각각의 눈에서 얻은 영상을 다 모아서 뇌에서 정보를 통합해 전체적인 형태를 인지하게 된다.

할 수 있다.

마찬가지로 구멍의 모양을 다르게 할 경우 빛은 구멍의 모양대로 통과하게 되고 이 모양은 상을 이루는 작은 점들이 된다. 따라서 구멍이 작아지면 상이 선명해지고 구멍이 커지면 상이 흐릿해진다. 또 구멍이 세모라면 작은 세모 모양의 점들이 모여서 상을 만들게 된다. 하지만 그 작은 바늘 구멍을 일부러 별 모양이나 세모로 만들려는 노력은 그다지 실효성이 있어 보이지 않는다. 물체에서 나온 빛은 셀 수 없이 많아서 구멍의 모양에 따른 상의 변화는 구분하기 어렵기 때문이다.

자, 이제 어떤가? 나도 낙타를 바늘 구멍으로 통과시킬 수 있다는 자신감이 생기지 않는가? 여기서 주의할 점은 바늘 구멍을 작게 만들어야 한다는

> **물리가 반짝**
>
> ### 파리를 잡기 힘든 이유
> 파리의 겹눈은 아주 예민해서 주변에서 움직이는 사물을 즉각 알아차릴 수 있다. 그래서 파리채와 같은 생명의 위협을 인지했을 때 재빨리 반응할 수 있는 것이다. 파리를 잡는 것이 왜 그렇게 힘들었는지 이해가 될 것이다.
>
>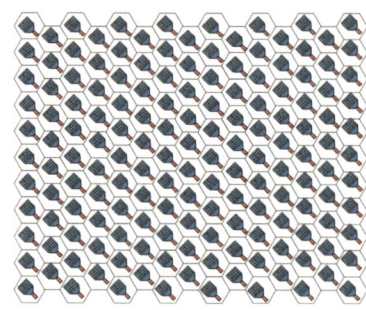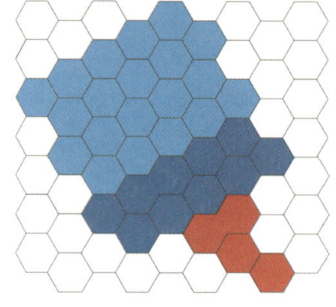
>
> 뇌로 보내지기 전 파리채 　　　뇌에서 인지한 파리채
>
> ### 바늘 구멍으로 만든 안경
> 여러 개의 바늘 구멍을 뚫고 렌즈로 빛을 모으면 바늘 구멍 한 개보다 밝은 상을 볼 수 있다. 바늘 구멍 안경은 이 원리를 응용했다. 눈의 수정체가 렌즈 역할을 해 빛을 모아 준다. 눈의 근육을 조절해 시력을 좋아지게 한다고 광고하지만 아직 밝혀진 효과는 없다. 다만 조금 더 선명하게 보이기는 한다.
>
>

눈이 즐거운 물리

● 바늘 구멍을 세모 모양으로, 별 모양으로 하면 어떻게 될까? ●

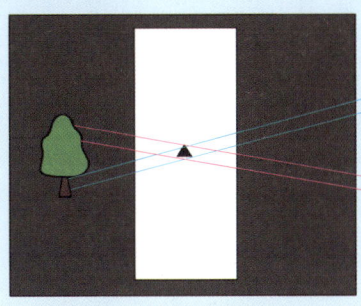    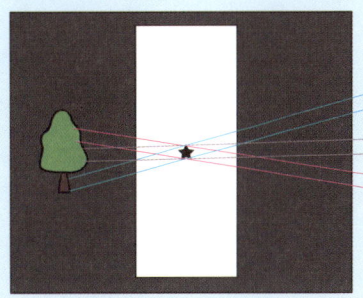 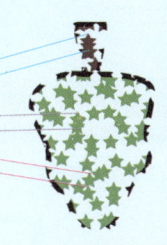

세모 모양 바늘 구멍을 통과한 나무   별 모양 바늘 구멍을 통과한 나무

바늘 구멍을 세모나 별 모양으로 뚫는다면 스크린의 상에는 작은 세모와 작은 별이 여러 개 겹쳐지면서 이미지가 만들어진다. 하지만 수많은 세모와 별이 겹쳐지기 때문에 세모나 별을 관찰하기는 어렵다.

것이다. 바늘 구멍이 크면 오히려 낙타를 제 모습으로 통과시키기 어렵다. 바늘 구멍이 적당하게 작아야 그 작은 구멍을 어렵게 통과한 거꾸로 된 낙타의 모습을 쉽게 볼 수 있다. 그러니 성경의 이 구절은 이제 이렇게 수정해야 하지 않을까?

'낙타가 바늘 구멍을 통과하는 것은 물리를 공부하는 것만큼이나 쉽다.'

겨우 볼 수 있는 세상

블라우스가 물에 젖으면 속살이 비치는 이유

과학 설명쟁이의 민폐

어느 한여름 점심시간, 여자 선생님 한 분이 민망한 표정으로 급히 교무실로 뛰어 들어왔다. 아이들의 물총 장난 때문에 흰 블라우스가 몸에 달라붙어 속이 비치게 됐다며 급히 갈아입을 옷을 구하고 있었다. 그때 난 구석진 자리에 앉아 있었고 교무실에는 나를 제외하고는 모두 여자 선생님이었

옷이 물에 젖으면 속살이 비친다.

기에 그 선생님은 스스럼없이 이야기했다. 적어도 그 선생님이 이렇게 말하기 전까지는 말이다.

"그런데 왜 물에 젖으면 옷이 투명해지지?"

아이들의 입에서도 여간해서는 이런 반가운 질문이 나오지 않는다. 더군다나 나이 들어 호기심이 메말라 버린 어른들이 이런 질문을 한다는 것은 정말 '가뭄에 콩 나듯' 드문 일이다. 그러니 대답할 준비가 완벽하게 되어 있었던 나에게는 이 질문이 '오랜 가뭄 후 내리는 단비처럼' 반가운 질문이 아닐 수 없었다.

기다렸다는 듯이 재빨리 일어나 그 대화에 끼어들어 옷이 젖어 불편한 그 선생님을 상대로 장장 10분간 그 이유에 대해 나름대로 열심히 설명했다. 한참 후 '이 정도면 충분한 설명이 되었겠지?' 하고 선생님들의 표정을 봤을 때에는 이미 젖은 블라우스가 그 선생님의 속살에 쫙 달라붙어 있었다. 교무실을 가득 채운 그 민망함이란.

아픈 상처는 꽤 오래가기 마련이다. 이후로도 오랫동안 다른 사람이 원하지 않으면 설명을 최대한 자제하려고 했으니 말이다.

섬유 사이의 물컵들

옷의 표면을 자세히 들여다보면 작은 틈이 있다. 옷감을 짤 때 만들어진 틈인데 옷감마다 그 크기가 다르다. 삼베나 모시는 틈이 큰 반면, 비단은 틈이 아주 작고 촘촘하다. 이 틈들이 물로 채워지는 것을 우리는 "옷이 물에 젖는다."라고 표현한다.

옷감을 만드는 실은 낚시줄처럼 표면이 매끄럽지 않다. 실 한 올에도 잔뿌리처럼 잔털이

옷감을 현미경으로 관찰해 보기

확대해 보기

작은 틈들이 보인다.

많이 나 있다. 그래서 마른 옷감의 작은 틈들은 이런 잔털들로 가득 차 있다. 이 잔털들은 빛을 난반사시켜 빛이 통과하는 것을 방해한다. 그래서 평소에는 속살이 비치지 않는 것이다. 그런데 이 구멍 속으로 물이 들어가 옷이 젖으면 물의 표면 장력 때문에 잔털들이 모두 실 표면에 붙어 버린다. 마치 비를 맞으면 머리카락이 머리에 딱 달라붙는 것처럼 말이다.

옷감이 물에 젖어 실들 사이 틈이 물로 찬 것은 물이 담긴 작은 컵들이 다닥다닥 붙어 있는 것과 같다고 볼 수 있다. 컵 바닥에 있어 보이지 않던 동전이 컵에 물을 부으면 보이듯이, 옷이 젖으면 굴절 때문에 감추어져 있던 안쪽의 속살이 보이는 것이다. 더군다나 물에 담긴 동전이 떠 보여 실제보다 가까이 있는 것처럼 보이듯이, 속살도 옷이 얇아진 것처럼 가까이 드러나 보인다.

● 젖은 옷을 확대해 보면 ●

젖은 옷을 확대해 보면 물이 차 있는 수많은 컵이 붙어 있는 것과 같다. 그래서 컵에 물을 부으면 컵 바닥에 있던 동전이 보이듯, 물에 젖은 옷은 속살을 비치게 한다.

> **물리가 반짝**
>
> **컵 속의 동전이 떠 있는 것처럼 보이는 이유**
>
> 중학교에서 빛의 굴절을 배울 때 많이 하는 실험은 아래 사진과 같이 동전을 컵에 넣고 물을 부어 동전이 떠 있는 것처럼 보이게 하는 것이다. 이것은 동전에서 나온 빛이 물의 표면에서 굴절된 것을 사람의 눈이 인식하지 못하고 마치 직선 경로로 온 것처럼 생각하기 때문에 일어나는 일이다. 반사에서도 마찬가지 현상이 일어난다. 벽에 걸린 거울을 보면 내 모습이 마치 벽을 뚫고 저편에 서 있는 것처럼 보인다. 우리의 눈은 빛이 거울에서 반사된 것을 인식하지 못하고, 벽의 건너편 자신의 모습에서 출발해서 직진한 것으로 착각한다. 결국 우리의 눈은 매일 아침 거울을 볼 때마다 자신의 모습을 보면서 '착각'하고 있는 셈이다.
>
>

꽃무늬 팬티와 분홍 러닝셔츠

옷감뿐만 아니라 종이나 휴지도 마찬가지다. 종이를 구성하는 펄프의 섬유 역시 옷감처럼 규칙적이지는 않지만 크고 작은 틈이 많이 있다. 종이에 잉크로 글씨를 쓸 수 있는 이유는 종이에 작은 틈들이 있기 때문이다. 잉크가 작은 틈들에 스며들어 굳어진 게 글씨로 보이게 된다.

휴지는 더 큰 틈들이 있기 때문에 질감이 부드럽다. 그 틈들이 물로 메워지면 마찬가지 이유로 휴지도 투명해진다. 물은 휴지를 이루고 있는 섬유와

전자 현미경으로 본 종이와 휴지

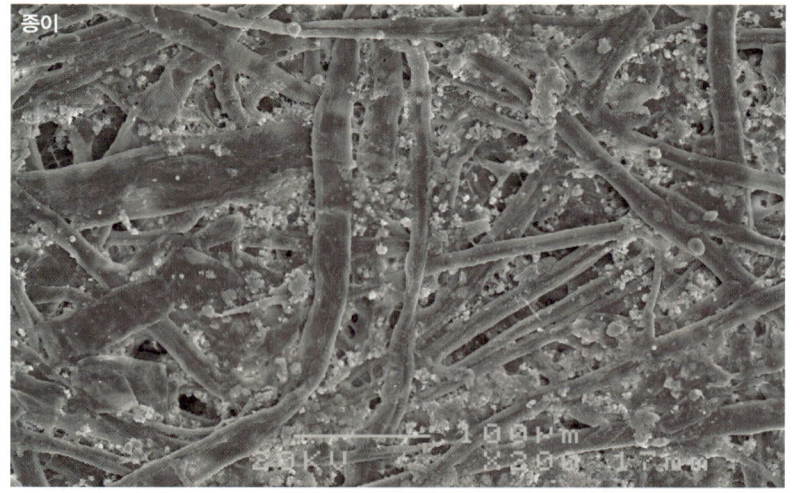
종이

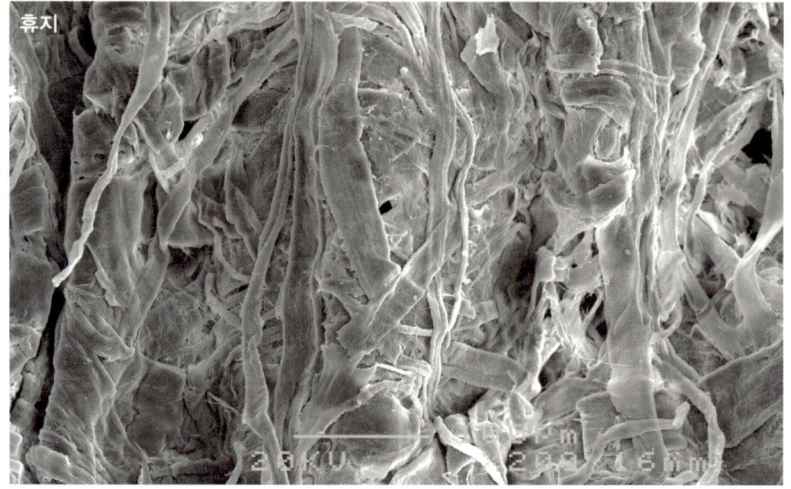
휴지

물에 젖은 종이는 그저 잘 찢어지는 정도에 그치지만, 물에 젖은 휴지는 얼마 안 가 바로 물에 녹아 버린다. ⓒ안동대학교 공동실험실습관

  섬유 사이의 잡아당기는 힘도 약화시키기 때문에 물에 젖은 종이나 휴지는 쉽게 찢어진다.

  초등학교 시절 나는 자전거 타는 것을 무척이나 좋아했다. 그런데 비 온 다음날 자전거를 타면 전날 내린 빗물을 머금고 있던 스펀지 안장이 한꺼번에 물을 뱉어내는 바람에 바지가 흠뻑 젖곤 했다. 그때 엉덩이에 꽃무늬 팬티가 비친다면서 친구들이 놀려 댔는데 그 친구들이 벌써 서른 줄에 접어들었다. 며칠 전 그 친구들을 만났다. 불행히도 한 친구가 술잔을 엎어서 옆 친구의 와이셔츠를 적셨다. 순간 연분홍 러닝셔츠가 드러났고 신혼이었던 친구는 아내가 사 준 것이라며 쑥스러운 듯 둘러댔다.

아니나 다를까 시기적절하게도 어릴 적 내 이야기가 술자리에 안주로 등장했다. 지금도 꽃무늬 팬티를 입고 있냐고 짓궂게 묻는 친구들과 농담을 주고받으면서 물컵 속 동전과 친구들이 무척이나 닮아 있다는 생각을 했다. 물컵 속 동전이 실제보다 공간을 줄여 가까이 보이듯이 20년이나 지난 이야기를 바로 어제 일처럼 시간을 줄여 생생히 기억해 내니 말이다. 그리고 한 가지 더. 굴절하는 빛도 꽃무늬를 기억하는 친구들도 둘 다 매너 없기는 마찬가지였다.

극장 스크린을 거울로 만들면 어떻게 될까?

극장 스크린은 왜 거울이 아닐까?

"극장 스크린을 거울로 만들면 어떻게 되나요?"

몇 해 전 이런 질문을 한 학생이 있었다. 그러고 보니 이제껏 극장에 가서 영화를 보면서 정작 스크린 자체에 관심을 가졌던 적은 한 번도 없었다. 그래서 한참을 극장 스크린이 어떻게 생겼던가 기억을 더듬어 보다가 문득 과학실에 있는 스크린이 생각났다. 일반 '천 조각'하고는 뭔가 좀 다르지 않을까?

우선 과학실에 들러 스크린을 관찰해 보았다. 그런데 그저 평범한 종이나 비닐에 비해 조금도 다르지 않았다. 그럼 극장 스크린은 조금 다르지 않을까?

마침 영화를 볼 기회가 생겼다. 영화가 끝난 후, 엔딩 크레딧이 얼추 다 올라갈 때까지 남아서 몰래 스크린을 '관찰'해 보았다. 관찰이라고 해 봤자 어두워서 만져 보는 것이 전부였지만 말이다. 그런데 촉감은 결코 특별하지 않았다. 어쩌면 내 둔감한 손끝 감각에 의존한 것이 문제였을 수는 있으나 그

토록 선명한 영상을 담아내는 스크린이 어찌 두꺼운 '천 조각'과 다름없는 촉감을 지녔을까?

질문을 했던 학생이 본 영화는 무척이나 재미가 없었던 모양이다. 영화에 집중하지 않고 이런 엉뚱한 생각을 했으니 말이다. 그렇지만 나도 질문을 받은 이상 그냥 지나칠 수 없었다. 재미있는 생각을 해 보았다.

스크린을 '거울'로 대신하면 화면이 엄청나게 선명해질까? 아니면 그저 그럴까? 재미없는 영화 한 편이 만들어 낸 이 궁금증을 풀어 보자.

정반사와 난반사

만약 호수의 수면이 거울의 표면처럼 매끈하고 잔잔하다면 어떨까? 아마도 태양의 동그란 모양이 그대로 비쳤을 것이다. 그렇지만 42쪽 아래 사진에서처럼 물결이 이는 경우, 태양의 모양은 제대로 반사되지 않는다. 이렇게 불규칙하게 반사되는 원인은 바로 매끈하지 않은 표면에 있다. 물리학에서 불

물리가 반짝

석양의 두 모습

매끈한 수면에 비친 석양 ⓒGettyimages/멀티비츠

거친 수면에 비친 석양

위 사진은 매끈한 수면에 비친 석양이다. 태양 빛이 일정한 방향으로만 반사된다. 반면 아래 사진은 거친 수면에 비친 석양으로 태양 빛이 불규칙하게 반사된다.

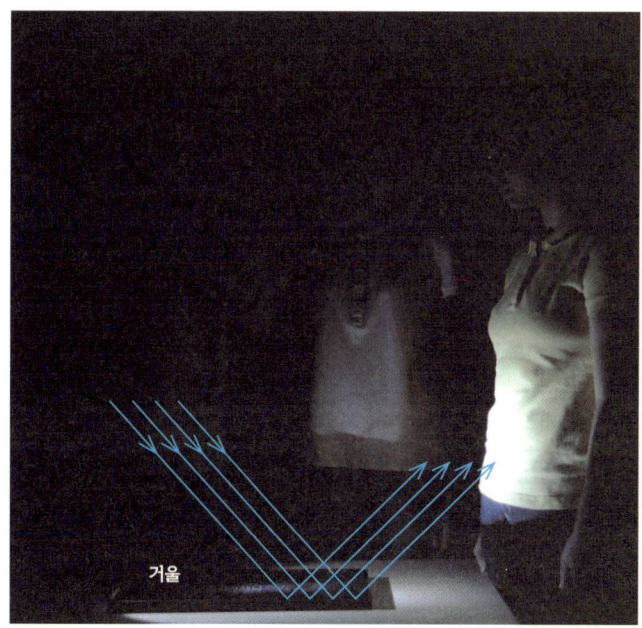 

왼쪽 사진처럼 정반사되면 빛이 반사된 방향으로만 나아가 한 사람만 비추지만, 오른쪽 사진처럼 난반사되면 모든 방향으로 빛이 퍼진다.
ⓒ두산동아 중학교 2학년 과학 교과서

규칙하게 반사되는 것을 난반사라고 한다. 그리고 거울처럼 일정한 방향으로 반사되는 것은 정반사라고 한다. 42쪽 위 사진처럼 거울과 같이 매끈한 수면에 도달한 빛은 일정한 방향으로 반사된다. 반면 42쪽 아래 사진처럼 거친 수면에 도달한 빛은 불규칙하게 반사된다.

좀 더 확실한 설명은 위 두 개의 사진이 대신해 준다. 왼쪽 사진은 어두운 방에 거울을 놓고 손전등을 비춘 것이다. 그러면 손전등과 반대편에 있는 여학생 쪽으로만 빛이 반사(정반사)되므로 이 학생만 손전등 빛을 직접 볼 수 있다. 아마 이 학생은 눈이 부실 것이다. 반면 나머지 두 사람은 빛을 직접 볼 수 없다. 거울에서 반사된 빛은 나머지 두 사람의 눈으로 직접 들어가지 않기 때문이다. 단지 여학생의 옷에서 반사(난반사)된 빛으로 이제야 '손전등을 켰구나!'라는 것을 알 수 있는 것이다.

정반사와 난반사
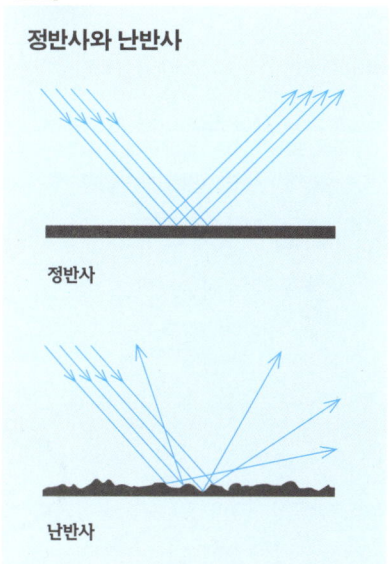

오른쪽 사진에서는 거울 대신 흰 종이를 놓고 손전등을 비춘 것이다. 세 학생의 옷 아랫 부분이 밝아진 것을 볼 수 있다. 종이에서 반사(난반사)된 빛이 모든 방향으로 퍼졌기 때문에 세 학생 모두 종이에서 반사된 손전등 빛을 직접 볼 수 있다. 다른 학생이 이 교실에 들어와도 빛을 볼 수 있고 교실을 다 채울 만큼 학생들이 가득 차 있더라도 모든 학생의 눈에 그 빛이 도달할 것이다. 결국 거의 모든 방향으로 빛이 반사된다는 말이다.

겨우 볼 수 있는 세상 **43**

모든 영화 관객을 위한 배려

자, 여러분이 극장 주인이라고 가정해 보자. 극장 스크린을 거울로 만드는 것이 좋을까, 흰 종이로 만드는 것이 좋을까?

내가 주인이라면 주저하지 않고 흰 종이를 쓸 것이다. 극장의 어느 위치에 서나 영화를 볼 수 있어야 하기 때문이다. 만약 거울을 사용한다면 영사기에서 나온 빛은 거울에서 관객 쪽으로 일정한 방향으로만 반사되기 때문에 영상 자체를 볼 수 없다. 내가 정면에 앉아 있다면 강렬한 영사기의 불빛이 정면으로 내 눈을 자극할 것이고, 내가 극장의 구석에 있다면 '거울 스크린'에 붙은 먼지들만 겨우 볼 수 있을 것이다.

영화 속 주인공이 빨간색 옷을 입었다고 가정해 보자. 영사기에서 나온 빨간색 빛이 '거울 스크린'에서 반사되는 각도에 앉은 관객의 눈으로는 빨간색 빛만 들어가게 된다. 그 관객에게는 마치 빨간색 빛의 손전등을 눈앞에서

매끈한 종이를 전자 현미경으로 관찰해 보기 ⓒ안동대학교 공동실험실습관

확대해 보기

거울 스크린을 쓰면 모든 관객이 영화를 즐길 수가 없다!

44 눈이 즐거운 물리

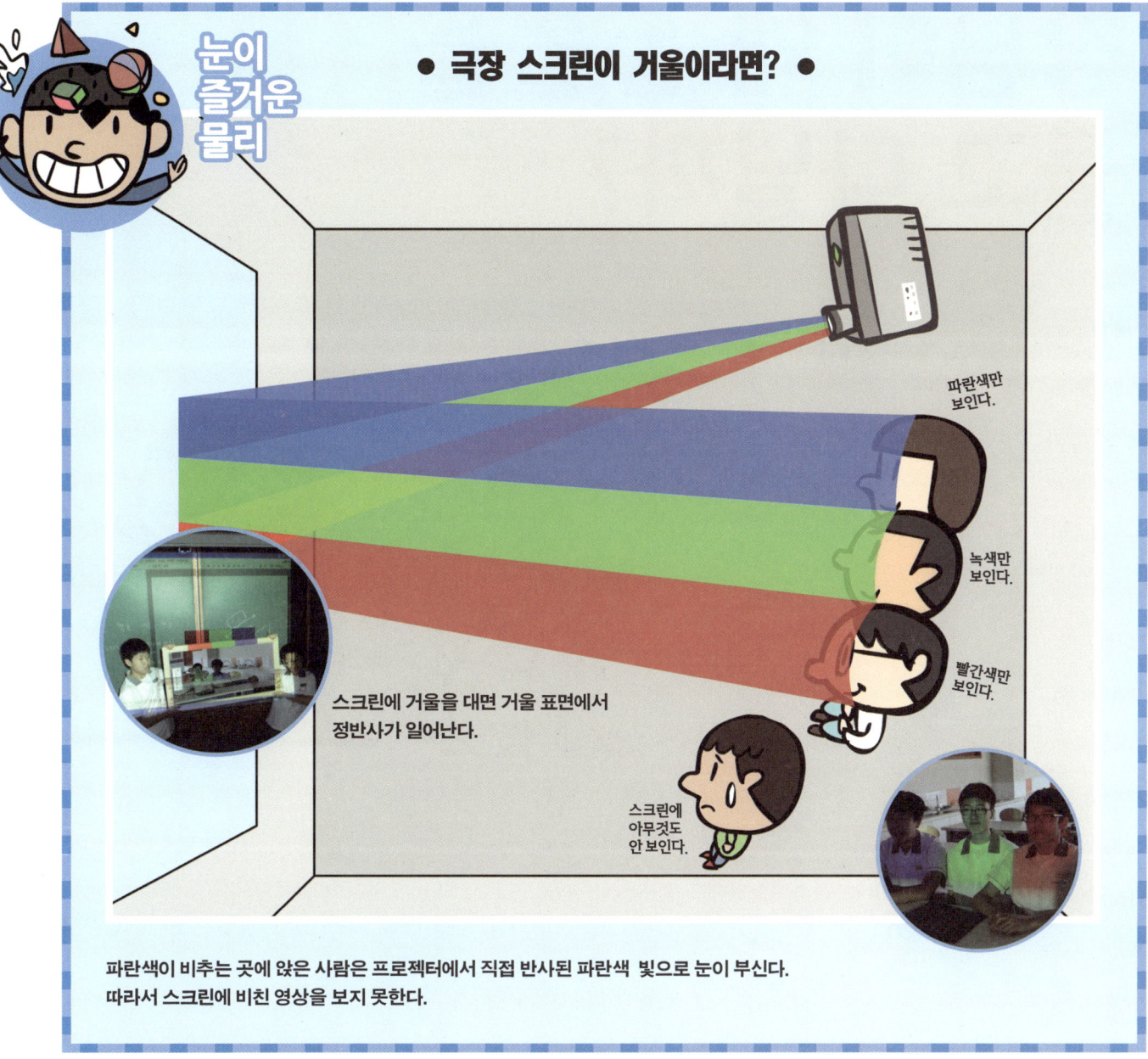

비추는 것처럼 보일 것이다. 만약 이 주인공이 검은색 양복을 입었다면 관객의 눈으로는 어떤 빛도 들어가지 않을 것이다.

극장 스크린을 거울로 하지 않는 이유는 너무나도 당연하다. 모든 관객이 영화를 즐기게 하기 위해서다. 영사기에서 나온 영상이 흰 종이 스크린에서 모든 방향으로 반사되기 때문에 관객이 어느 위치에 앉더라도 영화를 즐길 수 있게 된다.

장님이 왜 등불을 들고 다닐까?

장님의 등불

밤길을 달려가는데 저만치서 등불이 보였다.
그 등불을 비켜 가면서 보니, 등불을 든 사람은 장님이었다.
"앞이 안 보이는데 왜 등불을 들고 가시죠?"
그러자 장님이 말했다.
"다른 사람이 내게 달려와 부딪히면 안 되니까요!"

「장님의 등불」이라는 이 일화는 『탈무드』에 나온다. 자신은 남을 볼 수 없으니 다른 사람들이 이 등불을 보고 나를 피해 가라는 장님의 '배려'에 관한 이야기다. 그런데 이 일화가 교통 사고를 줄이는 캠페인에 자주 인용되고 있다고 한다. 운전을 할 때 낮에도 전조등을 켜자는 것이다. 이미 스웨덴이나 캐나다에서는 법으로 강제하고 있다. 낮에도 반드시 전조등을 켜도록 1970년대부터 의무화한 스웨덴에서는 차량 충돌 사고가 15~30퍼센트 감소했고 1990년대에 들어서 시행한 캐나다에서도 20퍼센트가량 감소했다

전조등의 효과
우리나라도 버스 운행 시 낮에 전조등을 켜게 했더니 교통 사고가 4.4퍼센트 줄고 사망 사고는 23.2퍼센트가 줄었다고 한다.

낮에도 전조등을 켜고 다니는 차들(체코 프라하)

고 한다. 우리나라에서도 요즘 낮에도 전조등을 켜고 다니는 버스를 쉽게 볼 수 있다.

전조등과 석양은 닮았다

그런데 전조등을 켜면 왜 사고가 감소할까?

보통 교통 사고가 일어나는 원인이 제공되는 순간은 매우 짧다고 한다. 어느 보험 회사에서 분석한 결과에 따르면 0.5초 정도의 판단으로 사고가 일어날 수도 있고 그렇지 않을 수도 있다고 한다. 이때 0.5초의 판단을 도와주는 것이 전조등의 불빛이다. 추돌 사고의 상당수가 차량을 제대로 보지 못해서 발생한다. 특히 비가 오는 어두운 날이거나 안개가 짙게 껴 있을 경우에 전조등은 마치 상대방에게 자신의 위치를 알리는 장님의 등불이 된다.

비 오는 날 전조등은 바닥에서 반사되어 비치기도 한다.

물리가 반짝

규모는 다르지만 같은 현상

바다의 아름다운 석양과 비 오는 날 전조등은 규모만 다를 뿐, 과학적으로는 완전히 같은 현상이다. 과학은 때와 장소에 관계없이 언제나 우리에게 자연의 아름다움을 볼 수 있는 즐거움을 준다.

그런데 그 '등불'은 직접 빛나기도 하지만 위 사진처럼 도로 표면에서 빗물로 인해 반사되어 빛나기도 한다. 나는 이럴 때마다 이 광경이 석양이 바다에 드리워진 모습과 무척이나 닮아 있어서 주위 사람들에게 그 이유를 설명하고 나와 같이 느끼도록 강요하고는 했다. 결국은 모두 허사였지만 말이다. 그러나 넓고 광활한 바다의 석양을, 비 오는 날 도시 한 구석에서도 작은 규모로 느낄 수 있다는 것은 색다른 즐거움이 아닐 수 없다.

난반사
거친 표면에서 빛이 불규칙하게 모든 방향으로 반사되는 것

눈이 즐거운 물리

● 우리가 전조등의 빛을 보는 원리 ●

마른 도로와 달리 비가 내린 도로는 거친 틈에 빗물이 고여 거울처럼 매끄럽게 된다. 따라서 도로로 비춘 빛이 반사되어 되돌아오지 않고 앞으로 곧바로 나아간다.

도로 표면이 거칠어야 하는 이유

맑은 날 도로의 표면은 아주 거칠다. 그래서 맑은 날 밤에 전조등 빛을 비추면 그 빛은 제각각의 방향으로 난반사된다. 그 빛 중 극히 일부분은 다시 운전자 쪽 방향으로 들어오게 되고 운전자는 그 빛을 보고 어두운 밤길을 운전할 수 있는 것이다. 그런데 비가 온다면 그 거친 틈이 모두 빗물로 메워져 도로 표면은 훨씬 평평해진다. 그래서 전조등 빛은 운전자의 방향으로 다시 되돌아오지 않고 대부분 앞쪽으로 정반사된다. 그래서 비 오는 날 밤에는 전조등을 켜도 도로가 잘 보이지 않는 것이다.

모래가 물에 젖으면 더 어둡게 보이는 것도 같은 원리로 설명할 수 있다. 백사장의 흰 모래에 바닷물이 몇 방울만 떨어져도 금방 그 부분이 어둡게 보인다. 이것은 모래의 불규칙한 빈틈을 물이 메워서 그 부분에서 난반사가 일어나지 않기 때문이다.

한번은 집 근처 호숫가에서 인라인 스케이트를 타다가 이런 생각을 한 적이 있다.

젖은 아스팔트 도로 표면 관찰해 보기

확대해 보기

모래에 물을 몇 방울 떨어뜨리니 색깔이 어두워졌다.

'아스팔트 도로를 모두 매끄럽게 만든다면 스케이트도 잘 탈 수 있고, 자동차의 승차감도 좋아질 텐데 왜 이렇게 표면을 거칠게 만들었을까?'

자동차의 승차감이 좋아질 것은 틀림없는 사실이다. 하지만 자동차의 승차감을 위해서 낮에만 운전을 할 수는 없는 일이다. 바닥이 매끄럽다면 미끄러지는 것은 둘째 치고라도 전조등 불빛이 앞쪽으로만 반사되어 운전자는 전조등을 켜도 도로를 제대로 볼 수 없을 것이다. 마치 자신이 켠 등불을 보지 못하는 장님처럼 말이다.

비 오는 날 전조등을 보면서 바다의 아름다운 석양을 떠올려 봅시다!

겨우 볼 수 있는 세상

도로 표지판에서 무지개 찾기

캄캄한 고속도로에서 표지판을 어떻게 찾을까?

도심의 밤은 수많은 가로등 덕분에 훤하기까지 하다. 하지만 도심을 조금만 벗어나 교외로 접어들면 가로등은 어쩌다 한 번 만나는 반가운 손님이다. 안전 운행을 하려면 전국 모든 도로에 가로등이 있어야 하지 않을까? 밤에 차들이 제대로 다니려면 적어도 도로를 구분하는 차선이라도 제대로 보여야 하지 않을까? 그리고 그 많은 초록색 표지판들이 밤에도 보이도록 표지판을 비추는 가로등도 있어야 하지 않을까? 이런 불만들을 비웃기라도 하듯

어둠 속 가로등 사진

이 우리나라 중심을 가로지르는 경부 고속도로에는 나들목과 요금소 주변을 제외하고는 가로등이 거의 없다. 수많은 초록색 표지판과 적지 않은 급커브가 곳곳에 있음에도 불구하고 그곳에는 자동차의 전조등 불빛이 지나가면 다시 어둠이 밀려든다.

자동차에도 전조등이 있지 않냐며 괜한 걱정이라고 말할지도 모른다. 하지만 자동차의 전조등 빛은 주로 아래쪽으로 나아가 도로를 비춘다. 물론 약간의 빛은 위를 비추기도 한다. 그 희미한 빛이 표지판을 비추고 그중 극히 일부의 빛이 운전자의 눈으로 들어오게 된다. 하지만 그만큼의 빛으로는 도저히 표지판을 제대로 볼 수 없다. 그래서 자동차의 전조등에는 상향등이 있다. 이것은 좀 더 많은 빛을 위로 향하게 해 표지판을 잘 비추게 한다.

하지만 이 빛이 표지판에서 난반사된다면 운전자에게로 돌아오는 빛의 양은 아주 적어질 것이다. 해결 방법은 가로등으로 표지판을 항상 비추어 주거나, 전조등 빛이 표지판에서 잘 반사되게 만드는 것밖에 없다.

표지판은 어떻게 반짝이는가?

그러나 도로에는 표지판이 너무나도 많기 때문에 표지판이 있는 곳마다 일일이 가로등을 세운다는 것은 현실적으로 어렵다. 그러니 표지판이 마치 거울처럼 전조등 빛을 운전자 쪽으로 모두 반사시켜 밝게 보이게 하는 것이 더 효율적인 방법일 것이다. 실제로 어두운 도로를 전조등을 켜고 달리다 보

빛을 반사시키는 도로 위의 여러 표지

눈이 즐거운 물리

• 구슬로 된 도로 표지판에서 반사된 빛 •

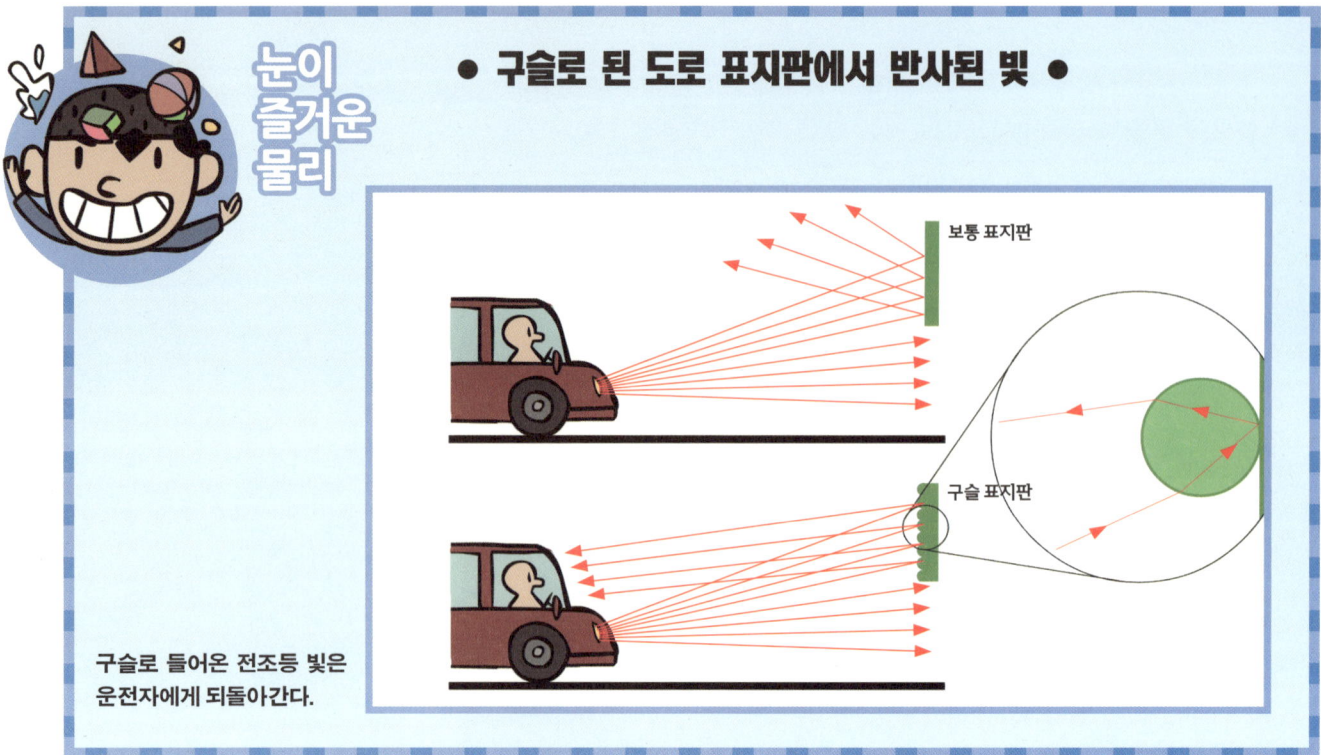

구슬로 들어온 전조등 빛은 운전자에게 되돌아간다.

물리가 반짝

반사되는 정도 비교해 보기

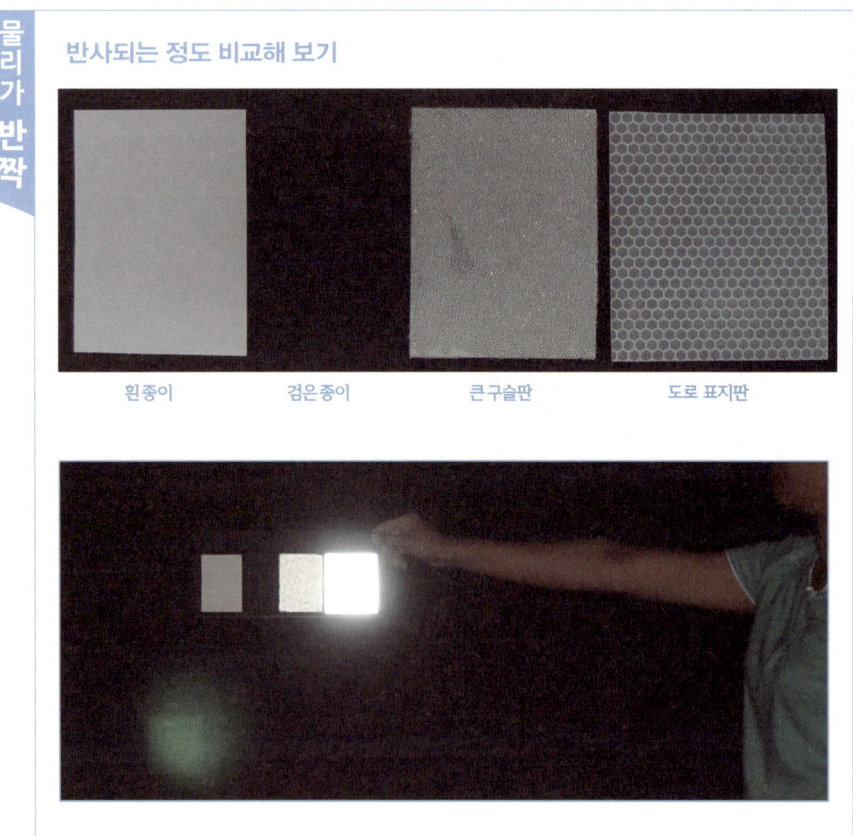

흰종이   검은종이   큰구슬판   도로 표지판

면 위 사진처럼 유난히 표지판이 밝게 빛나는 것을 볼 수 있다. 표지판에 거울을 단 것도 아닐 텐데 어떻게 멀리서도 밝게 볼 수 있는 것일까?

그 비밀은 표지판 표면을 관찰하면 알 수 있다. 표지판 표면을 자세히 들여다보면 놀랍게도 금속판을 덮고 있는 필름 안에 촘촘하게 구슬이 박혀 있는 것을 볼 수 있다. 과연 구슬은 어떤 역할을 할까?

구슬로 글자를 보면 글자가 커 보인다. 구슬 빛을 모아 주는 볼록 렌즈의 역할을 한다. 구슬은 전조등의 불빛이 난반사되어 퍼지지 않게 모아 주고, 구슬로 들어온 전조등 빛은 몇 번의 굴절과 반사를 거쳐 들어온 방향으로 다시 나간다. 결국 전조등의 빛이 운전자에게로 고스란히 되돌아가게 되는 것이다.

도로 표지판을 확대경으로 관찰해 보기

확대해 보기

52쪽 사진과 같이 검은 판에 흰 종이와 반사 필름을 붙이고 빛이 거의 없는 곳에서 플래시를 터트리며 촬영해 보았다.

가장 오른쪽에 있는 도로 표지판 필름이 플래시 빛을 가장 많이 반사했으며, 흰 종이보다는 큰 구슬판이 더 많은 빛을 반사했다.

원리는 같지만 조금 다른 형태의 것이 있다. <mark>델리네이터</mark>와 <mark>표지병</mark>이라는 것인데 이것은 정육면체의 한쪽 구석을 잘라서 수직을 이루는 세 개의 면들을 촘촘히 박아 놓은 것이다. 이것도 구슬과 마찬가지로 들어오는 방향 그대로 빛을 되돌려 반사시킨다.

자동차의 브레이크등이나 자전거에도 델리네이터와 같은 구조로 되어 있는 부분이 있다. 밤에 길가에 주차된 차량의 위치를 알려 주거나 어두운 곳에서 자전거의 위치를 제대로 알려 주어 충돌을 피하기 위해서 널리 사용되고 있다.

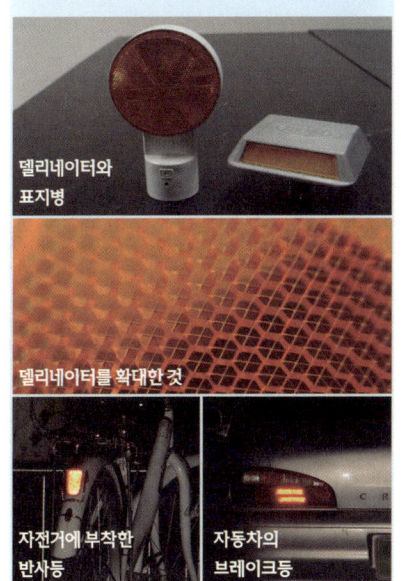

델리네이터와 표지병
밤이나 비오는 날에도 도로의 차선이나 위험 지역을 알아보기 쉽게 하기 위해 델리네이터와 표지병을 설치한다. 빛을 비추면 비춘 방향으로 다시 반사시키는 장치이다.

델리네이터와 표지병
델리네이터를 확대한 것
자전거에 부착한 반사등
자동차의 브레이크등

도로 표지판과 무지개의 공통점?

이제 조금 다른 주제로 넘어가 무지개에 대해 이야기를 나누어 보자. 도로 표지판 이야기를 하다가 갑자기 생뚱맞게 무슨 무지개냐고 물을 수도 있겠다. 하지만 이 둘은 완전히 같은 과학 원리를 담고 있다.

무지개는 공기 중의 작은 물방울이 프리즘처럼 햇빛을 굴절시켜 나타나는 현상이다. 빛의 색깔마다 굴절되는 정도가 달라서 햇빛은 빨간색부터 보라색까지 다채롭게 나눠지고 동그란 색색 반원을 이룬다.

공기 중에 떠 있는 작은 물방울은 물의 표면 장력으로 인해 동그란 구 형태를 이루고 있는데 이것은 도로 표지판의 동그란 구슬과 같은 모양이다. 모양이 같으니 무지개도 도로 표지판처럼 태양 빛을 밝게 반사해야 하고, 도로 표지판에도 무지개처럼 다채로운 스펙트럼이 생겨야 한다.

그런데 도로 표지판에서는 스펙트럼을 자주 볼 수 있는 반면 하늘에 떠 있는 무지개에서는 어째서 흔히 볼 수 없는 것일까? 그 이유는 바로 공기 중에 떠 있는 물방울은 도로 표지판의 구슬처럼 촘촘하게 모여 있지 않기 때문이다. 그래서 태양 빛을 많이 반사하지 않아 무지개를 자주 만들지 않는다. 반면 도로 표지판에서는 쉽게 무지개를 관찰할 수 있다.

물리가 반짝

무지개와 도로 표지판의 공통점

무지개의 안쪽은 항상 도로 표지판처럼 밝다. (기상청 제공)

도로 표지판은 무지개처럼 스펙트럼을 만들어 낸다.

자연의 신비로움은 그랜드캐니언처럼 멀리 가야 있는 것도 아니고 무지개처럼 특별한 상황에서만 볼 수 있는 것도 아니다. 어디에서나 아무 때나 자연의 신비로움은 우리 곁에 아주 가까이 있다. 마음으로는 도로의 표지판을 보고도 무지개처럼 자연의 신비로움을 느껴야 한다고 말하고 싶지만, 도로에 널려 있는 너무 많은 표지판이 자연의 경이로움이 가진 '희소성'을 해칠 것 같아 그렇게 하지는 않으련다.

자연은 언제나 그 자리에서 과학의 이름으로 밝혀진 나름대로의 방식으로 행동하고 있다. 예전부터 그래 왔고 앞으로도 그럴 것이다. 다만 우리는 그런 자연의 경이로움을 찾아내고, 느끼는 만큼만 감탄하면 된다. 아름다운 예술 작품이 주는 감동처럼, 자연이 주는 감동은 항상 아는 만큼만 느껴질 뿐이다.

콜라는 왜 유리컵에 따라 마셔야 맛있을까?

맥주에 오징어 다리가 빠진 날

과학 관련 사진을 찾아 헤매던 시절, 가방 속에는 항상 무거운 카메라가 들어 있었다. 술자리라고 예외는 아니었다. 오래간만에 친구들을 만나 회포를 풀며 알딸딸하게 술에 취해 있는데 맥주잔에서 기포가 줄줄이 올라가는 모습이 보였다. 그것도 유독 한 군데에서만 기포가 계속 만들어져 위로 올라가는 것이 아닌가. 또 호기심이 발동했다. 이놈의 호기심은 술에 취하지도 않나 보다.

갑자기 커다란 카메라를 꺼내 맥주잔을 찍고 있는 모습을 지켜보던 친구는 어이가 없었는지 오징어 다리를 씹다 그만 맥주잔에 빠뜨리고

이산화탄소(CO_2)
콜라를 마실 때 느껴지는 톡 쏘는 맛은 이산화탄소가 물에 녹은 탄산이 만드는 것이다. 아이스크림을 포장할 때 넣어 주는 드라이아이스도 이산화탄소 기체를 얼려 고체로 만든 것이다.

오징어와 젓가락에 생긴 기포

말았다. 피 같은 술을 아까워하며 괴로워하던 친구가 갑자기 이렇게 말했다.

"오징어 다리에도 기포가 생기는데?"

어차피 버린 술, 나는 친구의 맥주잔에 땅콩이며 젓가락, 포크 등을 있는 대로 집어넣고 기포가 생기는지 유심히 관찰했다. '아! 넣으면 넣는 대로 뭐든 기포가 생긴다.' '마요네즈도 공기 방울이 생길까?' 호기심에 젓가락으로 마요네즈를 찍어 맥주잔에 넣으려는 순간 친구가 내 젓가락을 가로챘다. 그리고 눈이 마주쳤다. 분노에 찬 목소리로 친구가 말했다.

"이것까지 넣으면 못 먹는다."

먹으려 했던 모양이었다. 그의 강한 만류에 나는 따를 수밖에 없었다. 그 친구는 맥주의 혼합물을 일일이 분리하고 젓가락까지 빨아 댔다. 그러고는 불순물을 제거한 맥주를 단번에 들이켰다. 하지만 이미 맥주의 김은 거의 다 빠진 상태였다.

친구들과 술잔을 기울이면서도 이 질문은 머릿속을 떠나지 않았다.

'맥주의 기포는 왜 한 곳에만 생길까?'

우선 맥주에 왜 기포가 들어 있는지부터 알아보자.

비슷한 탄산 음료인 콜라는 높은 압력을 가해 이산화탄소를 음료 속에 강제로 집어넣은 것이지만, 맥주는 맥주를 발효시키는 과정에서 곰팡이의 일종인 효모로 화학 반응을 일으켜 만든 이산화탄소를 높은 압력을 가해 달아나

효모
빵, 막걸리, 맥주 등을 만드는 데 쓰이는 세균으로 곰팡이의 일종이다. 효모가 발효 작용을 할 때 이산화탄소가 발생해 마치 끓는 것 같다고 하여 효모의 영어 명칭인 '이스트' 역시 그리스 어 '끓는다(yeast)'라는 말에서 유래했다.

이산화탄소가 맥주 표면으로 올라와 거품이 된다.

지 않게 가두어 둔 것이다. 병뚜껑을 열면 압력이 갑자기 낮아지면서 이산화탄소가 일제히 표면으로 올라오게 되는데 이것이 맥주와 콜라의 거품이 된다. 그리고 남아 있는 이산화탄소가 서서히 위로 떠오르면서 김이 빠지게 된다.

물리가 반짝

집에서 실험해 보기
사이다를 플라스틱컵에 따르고 기포가 생기는 곳을 지켜보자. 컵의 표면에서 계속 기포가 올라온다. 젓가락이나 포크를 넣어 보면 젓가락의 작은 흠집에 기포가 생기는 것을 관찰할 수 있다. 이곳에 이산화탄소가 모이는 것이다.

탄산 음료 맛있게 마시는 방법
탄산 음료는 플라스틱보다는 유리컵에 따라 마셔야 김이 빠지는 것을(기포가 생기는 것을) 조금이나마 줄일 수 있다.

콜라도 맥주도 유리컵에 따라 마셔야

다시 질문으로 돌아와서, 왜 유독 한 군데에서만 기포가 생길까?

집에 돌아와 다시 실험을 해 보기로 했다. 분명 맥주 아니면 맥주잔, 둘 중 하나의 문제다. 맥주에 떠다니는 부유물이나, 맥주잔의 안쪽 표면에 이물질이나 흠집에 이산화탄소가 모여 거품이 생기는 것일 수 있었다. 심증이 가는 것은 맥주잔 쪽이었지만 간단한 실험으로 이 문제를 해결할 수 있을 것 같아서 실험에 착수했다.

유리 표면을 전자 현미경으로 관찰해 보기

확대해 보기

실험 방법은 간단하다. 맥주잔에 맥주를 따른 후 맥주 기포가 올라오는 곳을 표시해 두었다가 마셔 버리고 새로 부어 보는 것이다. 기포가 전과 같은 위치에서 생기면 맥주잔이 문제이고, 기포가 다른 곳에 생기면 맥주 안의 부유물이 문제인 것이다. 그런데 같은 곳에 기포가 생겼다. 역시 맥주잔의 문제였다. 맥주잔 안쪽에 묻은 이물질이 문제라면 다시 한잔 들이키고 안쪽을 잘 닦아서 맥주를 부어 보면 된다.

주방용 세제로 잘 닦았지만 맥주를 새로 따를 때마다 같은 곳에 기포가 생겼다. 그렇다면 컵의 표면에 세제로 닦을 수 없는 흠집이 있는 것일까? 다시 잔을 비우고 맥주잔을 자세히 들여다보았지만 연거푸 들이킨 술기운 탓인지 흠집이 잘 보이지 않았다. 설상가상으로 기포가 발생하는 부분을 미리 표시해 놓지 않았다는 생각이 머릿속에 스쳤다. 미리 표시해 놓고 술을 비웠어야 했는데 무턱 대고 그냥 마셔 버리는 바람에 어디에서 기포가 발생했는지 어디에 흠집이 있는지 찾을 도리가 없었다. 다시 한잔 하는 수밖에. 네 잔을 연이어 들이키고 술기운에 반쯤 감긴 눈으로 맥주잔을 보니 맥주잔이 유난히 커 보였다.

갑자기 소주잔이 떠올랐다. 소주잔으로 해도 되는 실험이었는데……. 땅

실험 노하우
콜라보다는 투명한 사이다로 실험하는 것이 기포를 관찰하기 좋다.

흠집을 낸 곳에 기포가 생겼다.

을 치고 후회하고 있으니, 보고 있던 아내가 한마디 던졌다.

"사이다로 하지 그래?"

 **탄산 음료는 유리컵에 따라 마셔야 제맛**

"아! 사이다……. 사이다를 소주잔에 부어서 했으면 맨정신으로 즐겁게 실험할 수 있었는데……." 이미 때늦은 후회였다.

다시 마음을 가다듬고 실험에 집중하기로 했다. 기포를 발생시키는 원인이 흠집이라면 직접 맥주잔에 흠집을 내 보면 어떨까? 날카로운 칼로 컵에 흠집을 내면 과연 기포가 그곳에서만 생길까? 실제로 해 보기로 했다. 유리컵에 칼로 흠집을 내려고 하니 여간해서는 티도 나지 않았다. 하지만 눈에는 안 보여도 아주 미세한 흠집이 생겼으리라 믿고 실험에 들어갔다.

술을 따르고 관찰해 보니 기포가 비웃기라도 하듯 다른 곳에서만 신나게 올라왔다. 또다시 한 잔 마시고 나니 그제서야 플라스틱컵이 생각났다. 플라스틱컵에 칼로 흠집을 내고 맥주를 부어 봤다. 아니나 다를까 흠집을 낸 곳에서 기포가 땀방울처럼 송글송글 맺혔다. 결국 맥주의 기포는 컵 표면의 흠집이 원인이었던 것이다.

실험을 통해서 새로 알게 된 점은 유리컵보다 플라스틱컵에 기포가 훨씬 더 잘 생긴다는 것이었다. 아무래도 플라스틱이 강도가 약해 흠집이 잘 생기는 것이 이유인 듯하다. 또한 맥주에 빠진 오징어에서도 기포가 왕창 생기는 걸 보니 반드시 흠집이 아니라도 맥주의 부유물 때문에 기포가 생긴다는 것도 알 수 있었다.

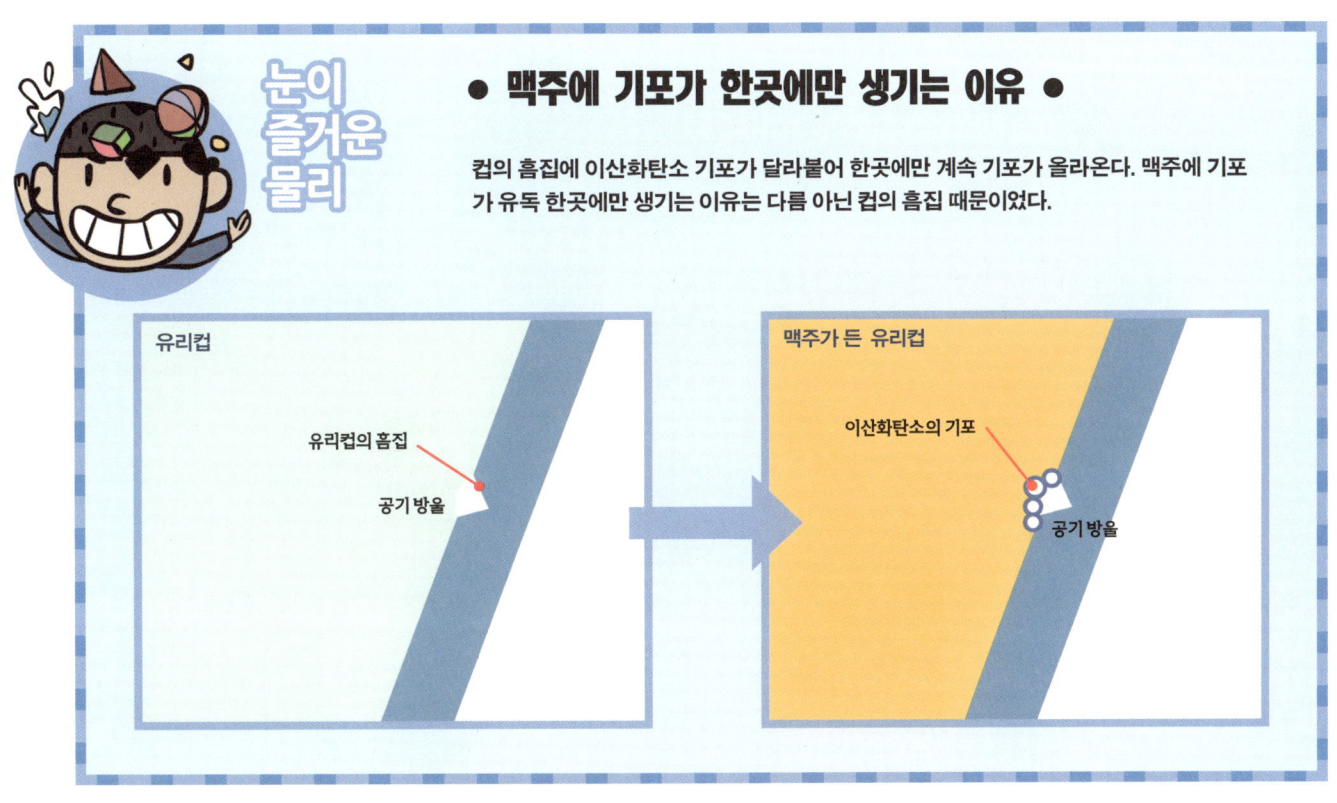

● 맥주에 기포가 한곳에만 생기는 이유 ●

컵의 흠집에 이산화탄소 기포가 달라붙어 한곳에만 계속 기포가 올라온다. 맥주에 기포가 유독 한곳에만 생기는 이유는 다름 아닌 컵의 흠집 때문이었다.

겨우 볼 수 있는 세상

노벨상을 받은 술꾼들?

미국 조지메이슨 대학교 교수이면서 저명한 과학 저술가인 제임스 트레필(James S. Trefil)은 『해변의 과학자들(A Scientist at the Seashore)』이라는 책에서 세상의 온갖 거품에 대해 이야기하면서 맥주의 거품과 기포에 관한 진지한 연구 결과를 적어 놓았다. 그에 따르면 기포의 출발점 역할을 하는 곳은 컵 안쪽 표면의 '작은 틈새'라고 한다.

맥주를 부을 때 작은 공기 방울이 틈새에 갇히게 되고 공기 방울은 맥주 속의 이산화탄소를 끌어당겨 점점 더 커지게 된다. 부피가 커진 공기 방울에는 부력이 작용해 이산화탄소 기포를 밀어올리게 되며 다시 작은 틈새로 이산화탄소가 모여 기포가 커지게 된다고 한다.

이 사람도 술 꽤나 하는 모양이다. 맥주잔 속 기포의 움직임을 관찰하고 알아내기 위해 얼마나 많은 술을 들이켰겠는가?

과학자들이 맥주를 즐겨 마신다는 것은 그들의 연구 주제를 보면 알 수 있다. 스탠퍼드 대학교의 과학자들은 기네스 맥주(아일랜드 흑맥주)의 거품이 이상하게도 다른 맥주와 다르게 가라앉는다는 주당들의 제보를 맨정신으로 진지하게 연구해 이것이 일종의 대류 때문에 일어난다는 것을 밝혔다. 이보다 먼저 오스트레일리아의 과학자들은 컴퓨터까지 동원해 모의 실험을 거쳐 맥주 거품의 이동 경로를 추적하기도 했으며, 급기야 영국 에든버러 대학교의 알렉산더 교수는 술집에서 파는 술과 집에서 먹는 술이 다를 수 있다며 술집에서도 실험을 자행해서 맥주 거품이 가라앉을 수도 있다는 논문을 발표하기도 했다. 또한 독일의 물리학자 아른트 라이케(Arnd Leike)는 시간에 따라 맥주 거품이 어떻게 줄어드는지를 연구해 유럽의 물리학 학술지에 발표했다. 사람들은 이 연구가 아주 마음에 들었는지 그해 이그노벨상까지 수여하기도 했다.

한편 맥주가 정말로 노벨상 수상의 영예를 가져다주기도 했다. 미국의 핵물리학자인 도널드 아서 글레이저(Donald Arthur Glaser)는 머리를 식히려고 동료들과 함께 맥주를 마시다가 거품이 올라오는 맥주잔에서 아이디어를 얻어 기본 입자 관찰에 유용한 거품 상자를 개발했다. 글레이저는 술자리에서도 물리학을 연구한 점이 참작이 되었는지 1960년 노벨상 수상의 영예를 안았다.

글레이저는 동료들과 맥주를 마시다가 그중 한 명이 맥주에 소금을 넣자

> **부력**
> 배가 물 위에 뜨는 것이 부력 때문이다. 배는 무거운 철로 만들어졌어도 배 안의 빈 공간이 있어 합치면 물보다 가볍기 때문에 물에 뜬다. 공기 방울도 물보다 가볍기 때문에 위로 올라간다. 이런 힘을 부력이라고 한다.

> **대류**
> 여름에 에어컨을 켜면 발부터 시원해지고 겨울에 온풍기를 켜면 천장부터 따뜻해진다. 차가운 공기는 가라앉고 따뜻한 공기는 올라가서 계속 순환하는 것을 대류라고 한다.

소금 주변에서 기포가 발생하는 것을 보았다고 한다. 기체가 액체 속에 지나치게 많이 들어가 있는 맥주는 소금 가루와 같은 작은 자극만으로도 기포를 발생시킨다. 이와 같은 원리로, 높은 압력의 액체 수소를 저장한 상자 속으로 아주 작은 소립자가 통과하면 그 이동 경로에 거품이 생기면서 눈으로 경로를 볼 수 있게 된다는 걸 생각해 내어 만든 것이 거품 상자이다.

친구가 씹고 있던 오징어 다리를 맥주에 빠뜨리자 오징어 다리 주변으로 기포가 생겼던 그 순간이 갑자기 생각났다. 공교롭게도 노벨상 수상자가 보았던 상황이 그대로 재현되었다고 생각하니 나름대로 뿌듯했다.

이그노벨상
'다시 할 수도 없고 해서도 안 되는' 기발한 연구나 업적을 대상으로 수여하는 상이다. 매년 하버드 대학교의 유머 과학 잡지에서 선정한다. 홈페이지(www.improbable.com/ig)를 방문해 보자.

기본 입자
물질을 이루는 가장 작은 기본적인 입자.

거품 상자
눈으로 볼 수 없는 아주 작은 기본 입자를 관찰하는 데 획기적인 실험 장치이다. 기본 입자 연구에 많은 기여를 했다.

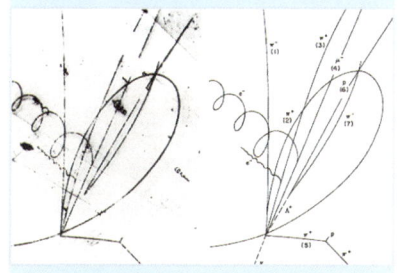

거품 상자를 촬영한 사진과 이를 통해 분석한 기본 입자의 경로를 그린 그림

머리를 식히다가도 획기적인 아이디어를 얻을 수 있답니다~

독일의 과학 박물관(범선 전시관)

방방곡곡 눈이 즐거운 과학관 산책 1

볼거리 풍부한 관람형 과학관

유럽의 어느 박물관을 가면 하루 종일 보아도 다 못 보고 나올 정도로 전시물이 많다며 혀를 내두르는 사람이 많다. 사실 난 그 말을 믿지도 않았다. 어찌하여 하루 종일 보아도 못 볼 정도로 신기한 것이 많을 수 있단 말인가?

그런데 실제로 가 보고서는 "그런 박물관이 진짜 있다."는 것을 알게 되었다. 그것도 온통 과학으로 가득 찬 박물관이 있었다. 독일 뮌헨의 과학 박물관은 커다란 건물 여러 개가 모두 과학 관련 전시물로 채워져 있었다.

이곳에 갔을 때는 겨울이라 비교적 한산했다. 중간에 오래 서서 구경하지

독일의 과학 박물관(시간과 시계의 역사)

태백의 석탄 박물관(석탄을 캐기 위한 초기의 채굴 장비)

않고 거의 경보 수준의 빠른 걸음으로 반나절을 돌고 나서야 전시관의 '규모'에 대해 몸으로 체험할 수 있었다. 그만큼 전시물이 많고 다양했다. 또한 한 분야에 대해 아주 세밀하게 다루고 있어서 백과사전에 있는 모든 것이 있는 느낌이었다. 우리나라에도 이런 방대한 전시물을 가지고 있는 박물관이 한 개쯤 있었으면 하는 바람이 절로 들었다.

우리나라에는 독일 과학 박물관과 같은 만물 과학관은 없다. 다만 분야를 좁혀 전문적이고 다양한 전시물을 관람할 수 있는 곳은 여러 곳 있다. 그 중 전시물이 다양하고 볼거리가 많은 것이 화석과 광물 분야다. 우리나라에서는 태백의 석탄 박물관이 단연 최고이다. 수천 가지의 다양한 광물과 희귀한 화석들을 직접 관찰할 수 있으며 석탄을 채굴하는 과정 또한 아주 실감나게 전시해 놓았다.

포항의 경보 화석 박물관과 제주도의 화석 박물관, 보령의 석탄 박물관과 문경의 석탄 박물관을 방문해 보자. 교과서에서는 절대 배울 수 없는 것들을 몸소 배울 수 있다. 가족 나들이 코스로도 추천할 만하다.

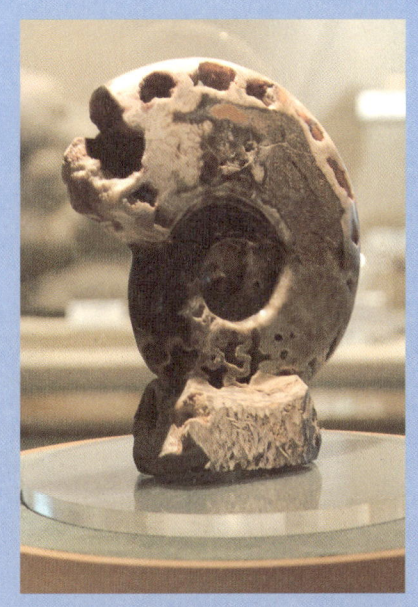

태백의 석탄 박물관(중생대 암모나이트의 화석)

눈이 즐거운 세상 두 번째

눈으로는 볼 수 없는 세상

디지털 카메라를 이용해 리모컨의 앞부분을 보면
리모컨에서 적외선이 나오는 것을 볼 수 있다.

리모컨을 사용하다 보면 항상 텔레비전을 향해 버튼을 누른다. 리모컨이 텔레비전으로 어떤 신호를 보낸다는 생각을 가지고 있기 때문이다. 그런데 리모컨에서 내보내는 신호는 우리 눈에 보이지 않는다. 너무 작아서 보이지 않는 것이 아니라 애초에 우리 눈이 볼 수 없는 적외선이기 때문이다.

우리 인간의 눈은 상당히 정교하고 해상도도 높은 광학 기구이지만 가시광선 영역만을 볼 수 있다는 단점이 있다. 마치 라디오로 휴대폰 통화 내용이 들리지 않는 것과 같은 원리이다. 같은 전파를 사용하고 있어도 영역이 다른 셈이다. 전파는 여러 곳에서 쓰이는데 각각 쓰이는 영역이 다르다. 라디오와 텔레비전이 사용하는 전파가 다르고 휴대폰과 무전기, 전자레인지, 리모컨이 사용하는 영역이 다르다. 그중 가시광선은 주로 인간과 같은 생명체들이 이를 받아들여 이용하기도 한다.

이처럼 우리가 볼 수 없는 이 여러 가지 '빛'들은 우리 주위에서 많은 역할을 한다. 버스나 지하철을 탈 때 교통 카드를 단말기 가까이 대면 자동으로 요금이 빠져나가고, 식당의 테이블 벨을 누르면 종업원이 달려오고, 상점의 도난 방지 장치는 계산하지 않은 상품을 척척 잘도 골라낸다. 밤거리의 네온사인은 쉴 새 없이 깜빡이며 호객 행위에 동참하고 있지만 우리는 그 깜빡임을 볼 수 없다. 이처럼 현대 문명의 수많은 장치들은 눈에 보이지 않는 빛으로 우리 몰래 여러 신호를 주고받거나, 쉴 새 없는 깜빡임으로써 우리의 삶을 떠받치고 있다. 이제 눈으로는 볼 수 없는 그들의 대화를 엿들어 보자.

네온사인의 숨 막히는 호객 행위

패닝이라는 사진 기법을 아세요?

사진 기법 중에 '패닝(panning)'이라는 것이 있다. 물체를 따라가면서 사진을 찍는 방법인데 이렇게 사진을 찍으면 아래 사진처럼 움직이는 물체는 정지한 것처럼 선명한 반면, 배경은 수평으로 미끄러지듯 속도감 있게 촬영된다. 카메라는 셔터와 조리개를 이용해 빛의 양을 조절한다. 조리개는 작은 구멍을 넓혔다 좁혔다 하면서 빛의 양을 조절하고, 셔터는 열렸다 닫혔다 하

카메라 렌즈와 우리 눈
카메라는 우리 눈의 구조를 본따 만들었다. 카메라의 렌즈는 눈의 수정체 역할을, 카메라의 셔터는 눈꺼풀 역할을, 카메라의 조리개는 홍채 역할을 한다.

며 빛이 들어오는 시간을 조절하는데, 68쪽과 같은 사진을 얻으려면 셔터를 오랫동안 열어 두어야 한다. 그래야 배경이 더 길게 늘어지기 때문이다.

이 사진은 주행하는 자동차를 따라가면서 0.1초 동안 셔터를 열어 두고 찍은 것이다. 자동차는 선명하게 보이고 배경의 현란한 네온사인은 양옆으로 쭉 늘여 놓은 것처럼 보이게 된다.

그런데 사진을 자세히 보니 네온사인 중에 글자가 겹친 것처럼 보이는 게 있다. 사진을 더 확대해서 보니 '회'라는 간판 글자 12개가 겹쳐 있었다. 마치 0.1초 동안 조금씩 옆으로 움직여 가며 '회'라는 글자를 12번 겹쳐 찍은 것처럼 말이다. 이것은 촬영하는 동안 글자 모양을 이룬 네온사인이 12번 깜빡였다는 뜻이다. 촬영 시간이 0.1초이므로 이 네온사인은 1초에 120번 깜박인다는 것을 간단하게 계산할 수 있다. 그러니까 네온사인의 진동수는 120헤르츠(Hz)가 되는 것이다.

꼭 네온사인이 아니더라도 우리는 라디오 방송 등에서 "헤르츠"라는 말을 쉽게 들을 수 있다. 이를테면 107.7메가헤르츠, 600킬로헤르츠 등이 그것인데, 헤르츠는 진동수의 단위이다. 진동수란 말 그대로 1초에 깜빡인 횟수, 또는 왔다 갔다 하는 진동 횟수를 뜻한다. 1메가헤르츠는 1초에 100만 번, 1킬로헤르츠는 1초에 1,000번 진동하는 것을 뜻한다. 그러니 우리가 듣는 라디오 방송은 1초에 1억 번 이상 왔다 갔다 하는 전파를 이용해 듣는 셈이다. 네온사인과는 비교조차 되지 않는 엄청난 빠르기다.

네온사인은 쉬지 않고 깜빡인다

우리는 매일 밤 네온사인을 접한다. 아주 조그만 상가 건물을 지나가더라도 네온사인이 없는 경우는 별로 찾아볼 수 없다. 그런데 우리의 눈은 네온사인이 깜빡이는 것을 인식하지 못하고 계속 켜져 있다고 생각한다. 아쉽

물리가 반짝

겹쳐진 글자 펼쳐서 보기
0.1초 동안 12번 깜빡인다.
1초 동안에는 120번 깜빡인다.
1초 동안 진동한 횟수가 진동수다.
따라서 네온사인의 진동수는 120헤르츠이다.

게도 인간의 눈은 1초에 20번 남짓 깜빡이는 정도까지만 간신히 구분할 수 있다고 하니 1초에 120번 깜빡이는 것은 그저 쭉 켜져 있는 것으로 느낄 수밖에 없다.

이러한 우리 눈의 한계는 텔레비전을 시청할 때 확연히 드러난다. 텔레비전은 정지한 화면을 1초에 24번 바꿔 보여 준다. 그렇지만 우리는 부자연스러운 정지 화면을 인식하지 못한 채 드라마에 빠져든다.

자, 이제 왜 네온사인이 120번 깜빡이는지 알아보자. 전류가 흐르는 방법에는 직류, 교류 두 가지가 있다. 직류는 전류가 한 방향으로 계속 흐르는 것이고, 교류는 그 흐름이 왔다 갔다 하는 것이다. 직류는 엠피쓰리나 시디 플레이어처럼 안정적인 전류가 필요한 기기에 사용된다. 상상해 보자. 시디 플레이어가 전류 흐름이 바뀌는 교류를 사용한다면 시디는 오른쪽으로 돌았다가 왼쪽으로 돌았다가 할 테니 자동으로 비트박스가 될 것이다. 그래서 대부분의 음향 기기는 직류를 사용하는데 이런 기기들은 건전지(직류)를 사용할 수 있는 것들이 많다.(건전지는 모두 직류를 공급한다. 만약 건전지가 교류를 공급한다면 건전지의 극성 표시가 왜 필요하겠는가?)

반면 가정에 공급되는 전류는 교류인데 우리나라의 경우에는 전류의 흐름이 1초에 60번씩 바뀐다.(우리나라와 미국은 60번 바뀌고, 유럽은 50번 바뀐다.) 교류는 전압을 마음대로 조절할 수 있는 장점이 있어서 전류를 먼 곳까지 보낼 때 좋고 그 외에도 여러 가지 잇점이 있다.

다시 네온사인 이야기로 돌아가 보자. 네온사인에 들어오는 전류는 1초에 60번 전류의 흐름이 바뀐다. 그러니까 전류가 왼쪽에서 오른쪽으로 흘렀다가 다시 오른쪽에서 왼쪽으로 흐르는 것을 60번 반복한다. 이때 왼쪽에서 오른쪽으로 흐를 때 네온사인이 1번 켜지고 오른쪽에서 왼쪽으로 흐를 때 다시 1번 켜진다. 결국 1초에 120번을 깜빡이게 되는 것이다.

> **직류(DC)와 교류(AC)**
> 직류를 사용하는 전자 제품으로는 엠피쓰리(MP3), 휴대폰, 컴퓨터 등이 있고, 교류를 사용하는 전자 제품으로는 냉장고, 세탁기, 선풍기, 다리미, 전기 장판 등이 있다.

네온사인의 호객 행위

모니터의 잔상 효과

브라운관을 사용하는 컴퓨터 모니터 화면은 깜빡임을 조절할 수 있다. 보통의 컴퓨터 모니터는 1초에 60번 깜빡이도록 기본적인 설정이 되어 있다. 59쪽 위 사진은 1/15초 동

눈이 즐거운 물리

● 깜빡이는 모니터 잔상 보기 ●

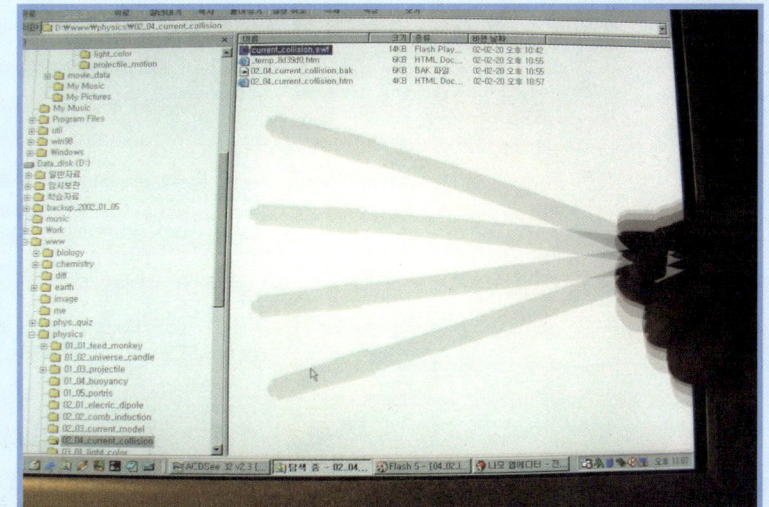

❶ 1/15초 동안 4개의 그림자가 보인다.
❷ 1/15초 동안 4번 깜빡인 것이다.
❸ 1초 동안에는 60번(4번×15) 깜빡인 것이다.
❹ 브라운관 모니터의 진동수는 60헤르츠다.

단, LCD 모니터와 LCD 텔레비전에서는 깜빡임을 관찰하기 어렵다. 브라운관 모니터와 달리 안쪽에서 작은 형광등들이 '아주' 빠르게 비춰 주기 때문이다.

안 셔터를 열어 둔 사진이다. 볼펜을 흔들었을 때 그 잔상이 4개이므로 1/15초 동안 화면이 4번 깜빡였음을 알 수 있다. 1/15초×15를 해야 1초가 되므로 4번×15=60번, 결국 1초에 60번 깜빡였다는 것을 간단한 계산으로 알 수 있다.

도시 유흥가의 상징처럼 되어 버린 네온사인. 길쭉한 유리관에서 여러 색깔의 불빛을 내는 네온사인이 1초에 120번이나 깜빡인다는 생각을 한 적이 있는가? 하루에 5시간만 켜 둔다고 해도 네온사인은 그동안 부지런히 216만 번을 깜빡인다! 횟집 입구에서 손님을 한 명이라도 더 많이 모으기 위해 현란하게 손을 흔드는 주인 못지않게 네온사인도 빠르게 몸부림치면서 호객 행위를 제대로 하고 있었던 것이다.

나도 호객 행위 잘하고 있는 거지?

도서관에서 몰래 책 빌리기

도서관 출입구의 묘한 기류

책을 빌리러 도서관에 들어설 때 여기가 도서관이라고 알려주는 것은 빽빽하게 꽂힌 책들이 아니라 출입구 양 옆에서 지켜 서 있는 도난 방지 장치이다. 언제부터인가 서점이나 음반 가게에서 도난 방지 장치를 볼 수 있었는데 이제는 대형 마트나 옷 가게, 화장품 가게 등에서까지 종종 볼 수 있다.

출입구에 떡 하니 버티고 서서 손님을 맞이하는 이 녀석들을 보고 있자면 때로는 감시를 받는 것 같아 씁쓸하기도 하다. 물론 남의 물건을 탐하면 안 된다는 것을 당연하게 여기고 살아가는 대부분의 사람들에게는 그다지 신경 쓰이는 존재도 아닐 것이다. 하지만 희한하게도 나는 이 기둥을 지나칠 때면 누군가 뒤에서 나를 잡아당기는 듯한 느낌을 받고는 한다.

뭐지? 이 주위를 흐르는 묘한 기류는?

눈치가 있는 사람이라면 테이프로 감춰진 전선을 보고 이것이 전기로 작동됨을 알아차릴 수 있을 것이다. 그리고 출입구 양쪽에 기둥처럼 세워진 것으로 봐서 한쪽 기둥에서 뭔가 신호 비슷한 것을 쏘고 다른 한쪽 기둥에서

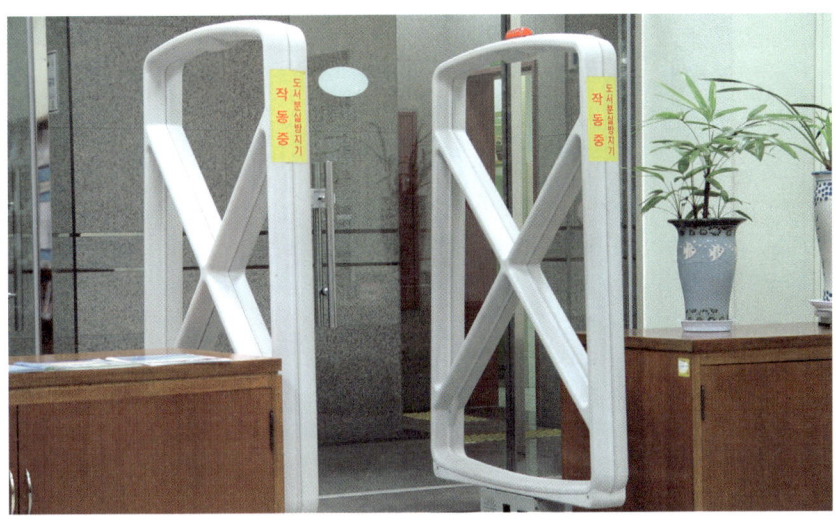

마치 감시하는 듯 버티고 서 있는 도서 도난 방지 장치

그것을 받는 형태일 것이라고 지레짐작해 볼 수도 있다.

도서관은 단 한 권의 책도 못 빠져나가게 책을 가둬 두는 창고가 아니라 책을 빌려 줘 지식이 유통되도록 하는 기관이기 때문에 출입구에 있는 도난 방지 장치는 출입구를 통과하는 책이 정당하게 대출 절차를 거친 것인지 아닌지를 구분해야 한다. 상점에서도 손님이 계산을 한 물건인지, 진열대에서 무단으로 들고 온 물건인지 구분해야 한다.

그렇다면 도서관에서는 이 문제를 어떻게 해결할까? 우선 책마다 대출 정보를 기록하는 장치가 어디엔가 부착되어 있어서 대출 시와 반납 시에 별도의 조작을 하면 그 장치에 대출 또는 반납 여부가 기록되고 도난 방지 장치는 그 기록을 읽어 반응을 보이는 것이라고 짐작할 수 있다. 이는 대출 또

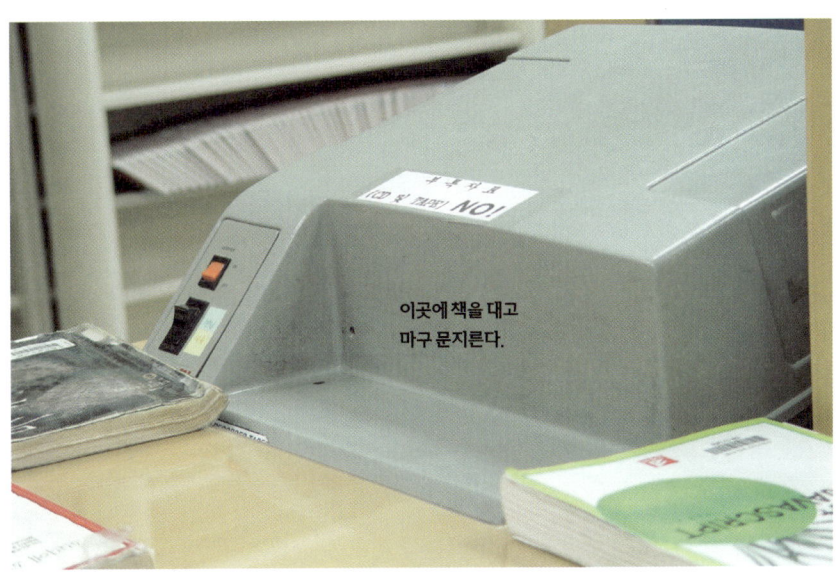

는 반납 시 도서관 사서의 손놀림을 지속적으로 관찰해 보면 어느 정도 알 수 있다. 관찰 결과, 책상에 놓인 이상한 장치에 책의 책등 부분을 몇 차례 '문지르는' 것을 볼 수 있었다. 그것 외에 별다른 '수상한' 행동은 없었다.

'문지르는' 것은 꽤 번거로운 작업이다. 하루에 수천 권의 책을 문지른다고 생각해 보자. 엄청난 노동이 필요하다. 그런데도 굳이 문지르는 방법을 택한 데는 어떤 이유가 있지 않을까? 충분히 호기심을 자극할 만하다.

전자기와 관련된 수많은 용의자 중, 문지르는 것과 관련된 물리 현상은 마찰 전기와 바늘 자석 두 가지다. 그중 마찰 전기는 쉽게 방전이 되기 때문에 실용성이 없으므로 수사선상에서 제외해야 한다. 결국 용의자는 자석으로 좁혀진다. 그렇다면 도서관에서는 책 속에 바늘 자석 같은 거라도 박아 놓는 걸까?

> **마찰 전기**
> 건조한 겨울에 실내에서 두꺼운 스웨터를 벗을 때 따끔거리는 것은 정전기 때문이다. 이 정전기가 바로 옷의 마찰 전기로 만들어진다.
>
> **바늘 자석**
> 철에 자석을 문지르면 철 속에 있는 원자들이 일제히 한 방향으로 줄을 서서 하나의 자석을 만든다. 이것이 바늘 자석이다.

아르바이트생의 제보

도서관에 새로운 책이 들어오면 일단 수서과로 모은다. 수서과에서는 책들을 분류하고 책 정보를 컴퓨터 데이터베이스에 입력한다. 그런 후에 분류 기호를 종이에 인쇄해 책마다 테이프로 붙인 후 서가에 꽂는다. 여기까지는 도서관 로비의 안내 표지판에서 얻은 정보다. 어디에도 도서 도난 방지 장치에 대한 정보를 얻을 수가 없다. 결국 도서 도난 방지 장치를 설치하는 비밀스러운 작업은 수서과에서 행해지는 것 같다.

그게 아니라면 출판사에서 책을 만들 때 무엇인가를 심어야 하는데, 매일 쏟아지는 수많은 책 중 일부만이 도서관에 들어간다는 것을 생각하면 굳이 모든 책에다 대출 정보 기억 장치를 삽입할 필요는 없을 것이다. 결국 도서관 수서과를 뒤져 단서를 잡아야 한다.

도서 도난 방지 장치에 처음 관심을 가졌을 때 나는 학생이었다. 그래서 수서과에 접근할 마땅한 핑곗거리가 없었다. 도서관 아르바이트생으로 위장 잠입할 생각도 해 봤으나 아르바이트생 대부분은 서가의 수많은 책과 무거운 책장들을 옮기는 육체 노동만 한다는 정보를 입수하고는 다른 방법을 찾아야 했다.

여러 아르바이트생들을 탐문하던 중 다행히 수서과에서 일한 적이 있는 제보자를 찾았다. 새로 도서관에 들어온 책은 띠지나 엽서 등 책 본체 외의

> **바코드**
> 슈퍼마켓에서 식료품 값을 빠르게 계산하고 관리하기 위해 1973년 미국에서 처음 개발되었다. 우리나라는 1988년에 바코드 시스템을 도입했다.

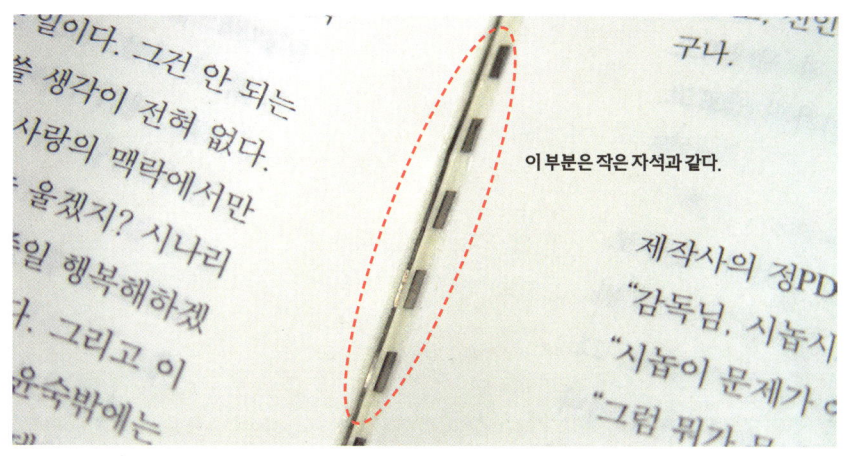

이 부분은 작은 자석과 같다.

부가물들을 떼어 내고 책 앞이나 뒤에 고유 <mark>바코드</mark>를 부착한다고 한다. 그리고 책을 펼쳐 얇은 테이프 같은 것을 페이지와 페이지가 맞닿는 책갈피 깊숙이 붙인다고 한다. 결정적 단서는 '얇은 테이프 같은 것'이 아닐까? 무엇보다 '깊숙이' 붙인다는 아르바이트생의 제보는 신빙성을 더해 주었다.

도난 방지 장치를 무사히 통과하라!

즉시 책 하나를 빌렸다. 책 구석구석을 뒤져 제보자가 말했던 '얇은 테이프'로 보이는 금속 조각을 찾아냈다. 만일 여기에 정보가 들어 있다면 신용 카드나 전화 카드의 자기 정보가 자석으로 인해 지워지는 것처럼 대출 정보 또한 자석으로 인해 지워질 것이다.

자석이 삽입된 책과 도난 방지 장치 사이의 대화

실험실에서 자기력이 강한 자석을 빌려 여러 차례 문지른 후 도서관의 기둥 사이를 통과해 보기로 했다. 자석으로 인해 대출 정보가 지워진다면 기둥 사이를 통과할 때 "삑" 하면서 경보음이 울릴 테고, 도서관 직원이 나와서 책을 한번 보자고 할 것이다.(물론 도서관 안에서 조용히 책장을 들춰 보고 있을 수많은 사람의 따가운 눈초리를 감내해야 할 것이다.) 그러면 나는 태연히 책을 건네주고 그들이 대출된 책인지를 검색할 때까지 기다리면 된다. 검색 결과 이미 대출된 책이므로 직원들은 내게 기계에 이상이 생겼으니, 죄송하다 등등 사과를 할 테고 나는 회심의 미소를 지으며 유유히 걸어 나오면 실험 성공이다.

자, 실전에 돌입! 잔뜩 긴장한 채로 도난 방지 장치를 통과했다. 그런데 어찌된 일인지 울려야 할 날카로운 경보음은 울리지 않았고, 우쭐한 내 모습을 보여 줄 직원들도 모두 제자리에서 꿈쩍도 하지 않았다. 나는 책을 건네줄 준비가 되어 있었지만 그들은 내가 나가는지 들어오는지조차 신경 쓰지 않았다.

실험 실패로 알아낸 것은 적당한 자기장을 걸어 주어 자화시켜야 한다는 것과, 대출할 때는 자기 정보를 없애고 반납할 때 자성을 띠게 해야 한다는 것이었다. 나중에 보니 도서관 출납계 사서가 책을 문지르기 전에 스위치를 조작한다는 것을 알 수 있었다. 그리고 또 하나, 세상에는 어설픈 아마추어가 상상하는 것 이상으로 치밀하다는 것이었다!

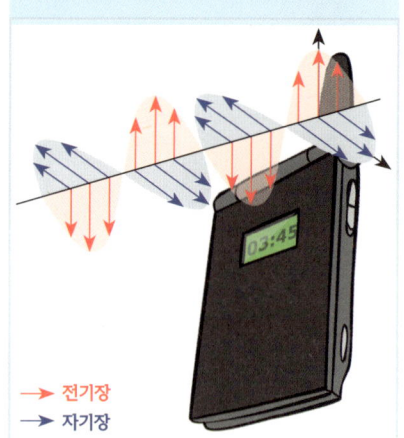

전자기 파동

전등에 불이 켜지게 하는 전기가 빠른 속도로 왔다 갔다 하면, 주변에 전기장과 자기장이 생겨 전자기 파동이 만들어진다.

→ 전기장
→ 자기장

전문가의 도움

혼자서 알아내겠다는 욕심을 버리고 이 기계를 제작하는 기업의 담당자에게 전화를 걸었다. 자초지종을 이야기했더니 다행히 친절한 담당자가 간단한 원리를 설명해 주었다.

"도난 방지 장치의 정식 이름은 무엇인가요?"

"EAS(Electronic Article Surveillance system, 전자식 상품 도난 방지 시스템)라고 합니다."

"도서관 입구에 서 있는 두 기둥의 역할이 궁금한데요."

"커다란 두 기둥에는 코일이 감겨져 있습니다. 한쪽 코일에서 왔다 갔다 하는 주기적인 전류를 흘려 주면 자기장이 변화하면서 반대편 기둥의 코일에도 같은 유도 전류가 흐르게 됩니다."

"그럼, 자성 물질을 들고 통과하면 어떻게 됩니까?"

"자성을 띤 물체가 통과하면 그 자기장의 영향으로 유도 전류가 교란을 받게 됩니다. 이것을 센서가 재빨리 감지해 잡아먹을 듯한 경보음을 울립니다. 마치 그네를 1초 주기로 한 번씩 왕복하도록 밀어 주는데, 중간에 다른 친구가 불규칙하게 밀어서 주기가 변하면 그네를 탄 친구가 소리치며 성질을 내는 경우와 같습니다."

이 친절한 담당자는 비밀 한 가지도 알려주었다. 여닫이 부분에 자석이 부착된 가방의 경우에는 기계를 교란시켜 오작동을 일으킬 수도 있기 때문에 이를 대비해 '일정한 범위 내에서만' 감지 기능이 작동하게끔 한다고 했

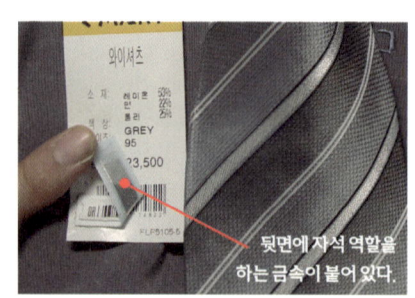

뒷면에 자석 역할을 하는 금속이 붙어 있다.

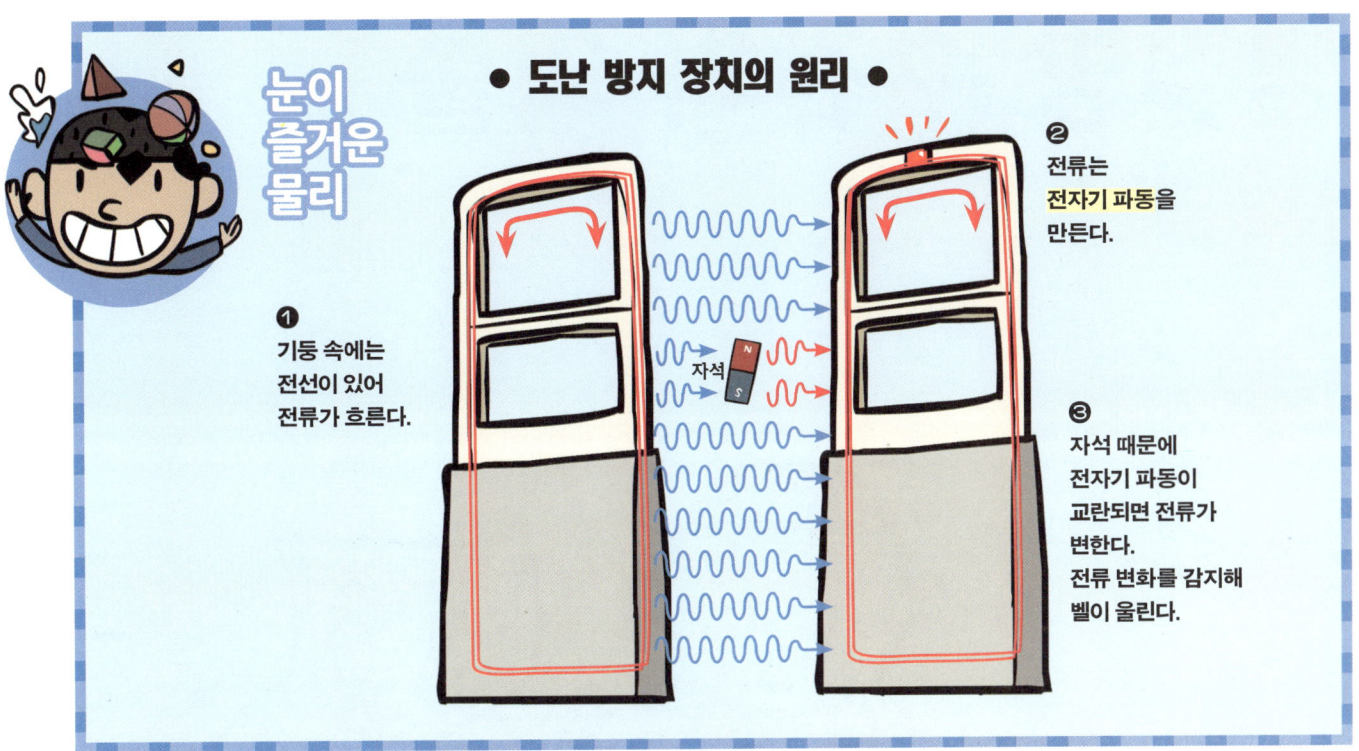

다. 그 말을 듣고는 실제로 커다란 막대 자석을 들고 통과해 보았다. 하지만 나 혼자만 긴장할 뿐 기계는 아무런 반응이 없었다.

할인 마트와 같은 가게에서는 입고된 상품에서 자성이 있는 태그를 붙였다가 손님이 물건을 구입해 계산을 마치면 자성이 있는 태그를 떼어 낸다. 책을 여러 번 빌려 주고 돌려받아야 하는 도서관에서는 그때마다 태그를 떼어 낼 수 없으니 책을 문질러서 자성을 없앴다가 반납하면 다시 자성을 띠게 한다.

몇 주에 걸쳐 알아내려고 했던 도난 방지 장치의 비밀은 결국 전문가의 도움을 받아 어느 정도 해결되었다. 나는 그 과정에서 관찰 결과를 바탕으로 예상을 했고 그 예상이 옳은 것인지 직접 실험해 본 후, 실험 결과를 바탕으로 가설을 수정하고 좀 더 그럴싸한 가정을 세우는 일을 반복했다. 실제 과학 이론이 만들어지는 과정도 이와 다르지 않다. 뉴턴이나 아인슈타인도 다르지 않았을 것이다. 다만 그들은 도움을 줄, 그들보다 많이 아는 전문가가 없었을 뿐이다.

찜질방 수건의 외출

공짜 찜질방

동네에 7층짜리 사우나 겸 찜질방이 만국기를 휘날리며 개업하던 그날, 동네 아주머니들은 그 사우나 겸 찜질방을 연방 드나들었다. 개업 기념으로 하루 동안 공짜 이용이었기 때문이다. 나 역시 퇴근과 동시에 그곳으로 출근했는데, 미어터진다는 사우나 여탕과는 달리 남탕은 이상하다 싶으리만큼 썰렁했다. 역시 남자들은 공짜라도 씻는 것이 귀찮은 모양이다. 남탕과 여탕이 있는 층 사이의 중간 층에는 찜질방이 있었는데 그곳 역시 둥실둥실한 아주머니들이 옹기종기 모여 앉아서 온돌에 몸을 지지고 있었을 뿐 남자들은 당최 눈에 띄지 않았다. 6층에는 헬스장도 있었는데 세련된 인테리어는 아니지만 운동 후 찜질방을 이용할 수 있다는 장점 때문에 개업 첫날 이미 많은 회원을 확보하고 있었다. 나 역시 한 달 회원권을 끊어 퇴근 후 곧잘 그곳으로 가고는 했다.

그러던 어느 날 러닝머신에서 달리던 도중 비처럼 쏟아지는 땀을 닦으려 수건을 집다가 수건의 끄트머리에서 단단한 물체가 들어 있는 것을 발견했

수건 안의 도난 방지 태그

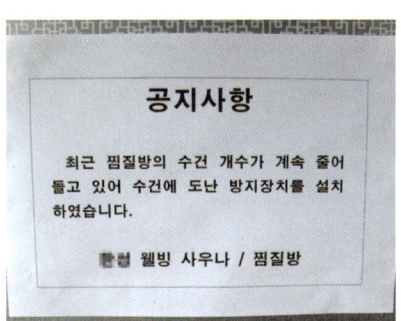

다. 요리조리 만져 보니 단단하고 납작했는데 그 쓰임새가 궁금해지기 시작했다.

다른 수건에도 들어 있는지 확인해 보기 위해 새 수건이 수북이 쌓인 곳에 가서 일일이 수건 끄트머리를 만져 보았다. 그런데 모든 수건에 다 들어 있는 것이 아닌가?

그 궁금증은 이내 해소되었다. 엘리베이터 안에 이런 공지 사항이 붙어 있었기 때문이다. 그러고 보니 입구에서 도서관에 있는 것과 비슷한 도난 방지 장치를 본 것 같았다. 그렇다면 수건 안의 단단한 것은 자성을 띨 수 있는 금속 물질이어야 하는데……. 수건을 가만히 들어 보니 가벼운 것이 아무래도 금속 덩어리는 아닌 것 같았다. 사실 금속이라면 열전도도가 높아 그 수건을 들고 사우나에 들어갔다가 잘못 만지기라도 하면 화상을 입을 수도 있기 때문이다. 그리고 탕 안에서도 쓸 수 있고 수시로 세탁도 해야 하므로 가볍고 내구성도 강해야 한다. 이 모두를 만족시키는 소재로는 뭐가 있을까?

아무리 생각해도 플라스틱만 한 게 없는 것 같았다. 나무는 썩기 쉽고 유리나 돌은 무거운 데다 깨지기까지 한다. 마음 같아서는 수건을 찢어서라도 정체를 곧장 확인하고 싶었으나 동네 망신거리가 될 것 같아 일단 참을 수밖에 없었다.

수건 속에 감춰진 비밀 장치

그러나 하늘이 도왔는지 이 물체의 정체를 알아낼 수 있는 기회가 왔다. 운동을 마치고 샤워를 한 후 물기를 닦다가 찢어진 수건 사이로(절대 내가 찢은 것이 아니다!) 살짝 고개를 내민 플라스틱 도난 방지 태그와 드디어 대면하

열전도도
겨울에 금속으로 된 철봉을 만지면 아주 차갑지만 플라스틱 봉을 잡으면 철봉만큼 차갑지는 않다. 이처럼 같은 온도라도 열을 전달하는 정도가 물질마다 다른데, 이 정도를 '열전도도'라고 한다. 금속 물질은 열을 빨리 전달해 열전도도가 높다.

도난 방지 태그
계산하지 않고 출입문을 통과할 경우, 경보를 울릴 수 있도록 상품에 부착하는 것이다. 코일을 감아 전파를 감지하거나 금속 소재를 넣어 자성을 띠게 한다.

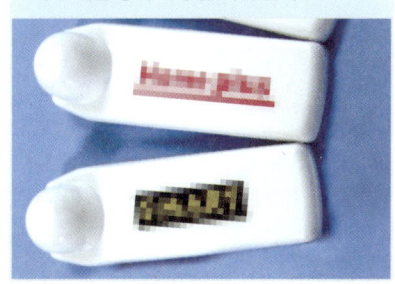

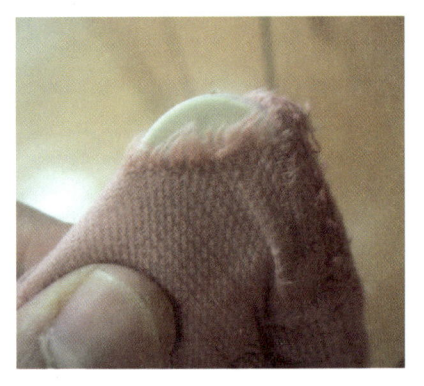

수건 사이로 고개를 내민 도난 방지 태그

고야 만 것이다. 그 순간 나는 그 소재가 플라스틱이라는 것을 제대로 추리한 데 대한 뿌듯함과 희열을 느꼈다.

그때 누군가 나를 쳐다보고 있다는 걸 직감했다. 구멍 난 수건을 만지작거리며 사진까지 찍어 대는 나를 누군가 유심히 지켜보고 있었다. 그 아저씨는 목욕탕 관리자로 때마침 헌 수건을 새 수건으로 교체하는 일을 하고 있었다. 아저씨는 조그만 가위로 구멍 난 수건에서 그 플라스틱 조각을 빼내 새 수건에 집어넣고 있었는데 나를 보더니 얼른 그 수건을 가지고 오라고 했다. 하는 수 없이 수건을 빼앗기고 말았다. 그런데 그때 내 눈이 또 반짝였다. 아저씨 옆 작은 바구니에 플라스틱 태그가 제법 많이 담겨 있었기 때문이다. 슬슬 욕심이 나서 하나 달라고 졸라 봤다.

"이걸 어디다 쓰려고?"

아저씨는 의외로 선선히 그중 낡아 보이는 것 하나를 내주었다. 속으로 쾌재를 부르며 주머니에 넣고 나갈 채비를 하는데 입구에 서 있는 두 기둥, 바로 도난 방지 장치를 통과하는 것이 문제였다. 일단 나는 이 태그를 잘 사용하지 않는 구석의 로커에 넣어 놓고 귀가했다. 그날에는 어렵사리 구한 태그를 몰래 가져가기 위해 꼭 필요한 물건을 미처 준비하지 못했기 때문이다.

엿들어 보기

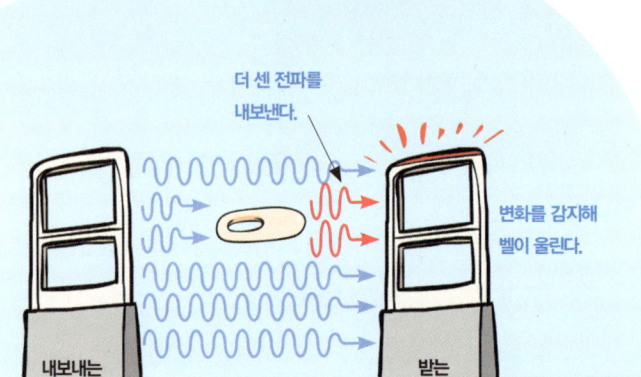

그냥 나가면 잡아먹을 듯한 벨이 울린다.

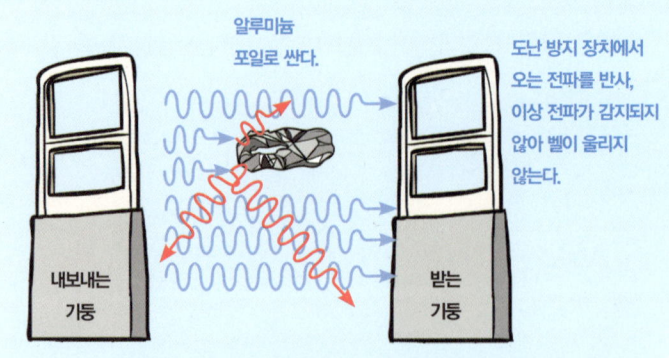

포일로 싸고 나가면 벨이 울리지 않는다.

가슴이 콩닥콩닥

다음날 퇴근하자마자 미리 준비해 둔 알루미

늄 포일을 잘라 주머니에 넣은 다음 잽싸게 찜질방으로 갔다. 알루미늄 포일은 전파를 차단하기 때문에 도난 방지 장치가 이 태그를 감지하지 못하게 할 것이라 예상했기 때문이다. 로커에 든 플라스틱을 빼내 포일로 감싸 주머니에 넣고 도난 방지 기둥 앞에 섰다. 이론상으로는 아무 일이 없을 것이라 예상되었지만 그래도 가슴이 콩닥콩닥거리는 것은 어쩔 수 없었다.

테러범이 공항 검색대를 통과할 때 이런 기분일까? 무척이나 긴장한 채로 기둥을 통과했다. 경고음은 울리지 않았다. 성공! 도난 방지 태그를 몰래 가져 나오는 데 성공한 것이다.

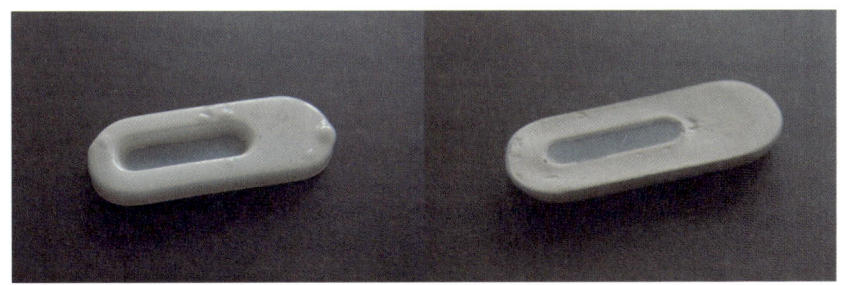

수건에서 빼낸 도난 방지 태그

플라스틱제 도난 방지 태크의 외형은 특이했다. 길쭉한 타원 모양에 중간에 홈이 파여 있는 것이 육상 경기장의 트랙같이 생겼다. 한쪽은 딱딱한 플라스틱으로 되어 있었지만 반대편은 물렁물렁했다. 플라스틱 케이스에 뭔가를 넣고 고무로 채운 느낌이었다. 아무래도 방수성과 내구성을 위한 설계인 것 같았다. 도난 방지 기능을 하기 위해서는 분명 금속이 안에 있어야 하는데, 어디 있는 걸까? 그리고 너무 크고 모양도 생소했다. 중간에 있는 홈은 또 뭔가? 이 홈이 한쪽으로 많이 치우쳐 있는 것이 꽤나 신경 쓰였다. 확실히 홈 주변으로 무언가 감겨 있는 것 같았다.

일단 플라스틱이니 아세톤에 담가 녹여 보았다. 이런, 두세 시간이 지나도 끄떡도 않았다. 요상한 녀석! 이번에는 직접 칼로 조심스럽게 고무 같은 부분을 도려내 보았다. 얼마 도려내지 않았는데 예상한 대로 구릿빛 에나멜선이

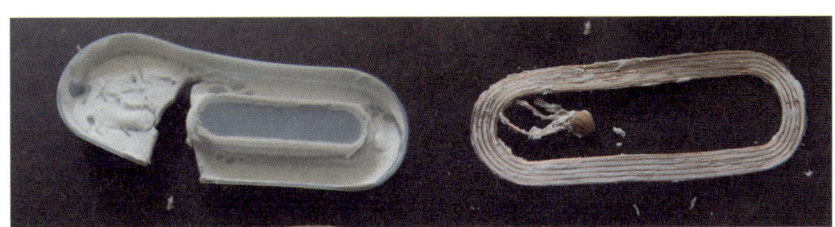

도난 방지 태그 분해

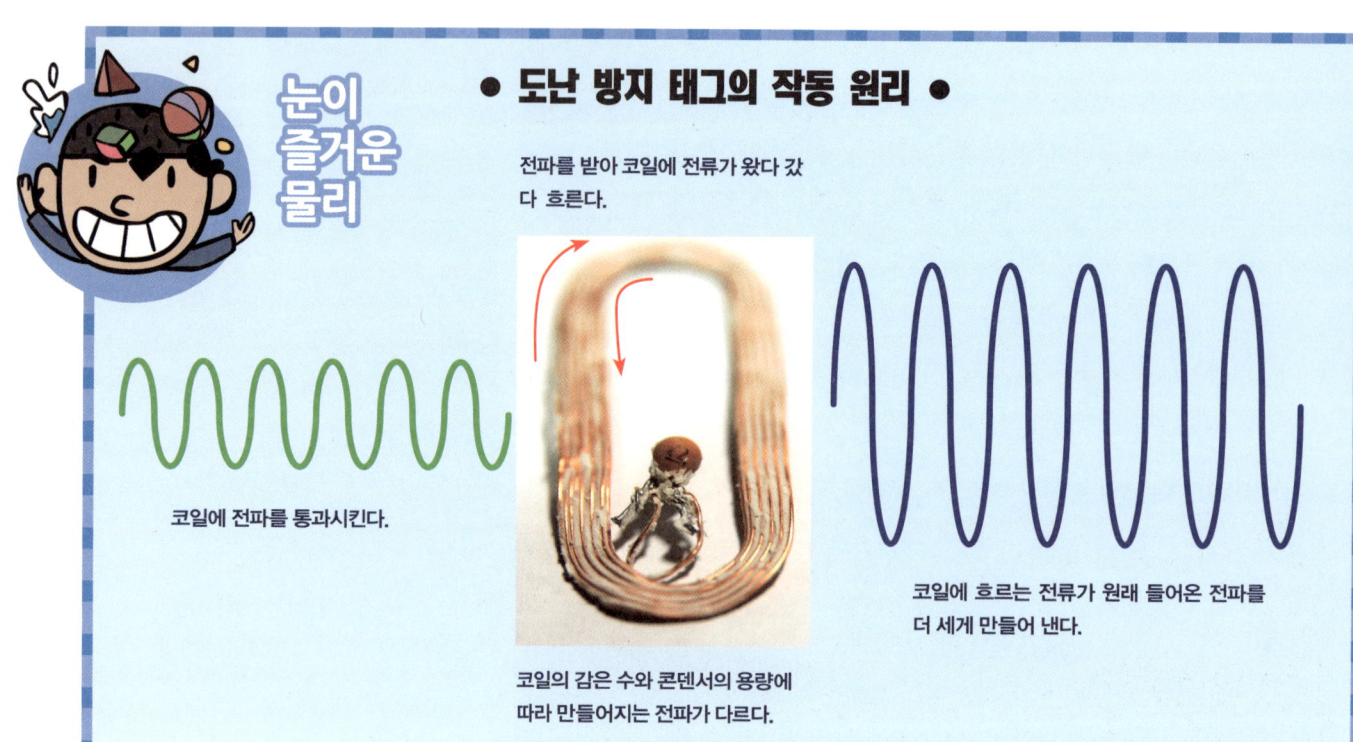

도난 방지 태그의 작동 원리

코일에 전파를 통과시킨다.

전파를 받아 코일에 전류가 왔다 갔다 흐른다.

코일의 감은 수와 콘덴서의 용량에 따라 만들어지는 전파가 다르다.

코일에 흐르는 전류가 원래 들어온 전파를 더 세게 만들어 낸다.

보였다.

한참 고무로 추정되는 것을 파내니 에나멜선이 육상 경기장 트랙처럼 길쭉한 홈 주변으로 감겨 있고 코일에 세라믹 콘덴서가 연결되어 있었다. 이 콘덴서를 넣느라 홈이 한쪽으로 치우친 것이었다.

콘덴서는 전기를 잠시 저장하는 부품인데 코일과 함께 연결하면 저장되었던 전기가 코일과 콘덴서를 왔다 갔다 하면서 전류가 흐른다. 이때 외부에서 같은 주기로 왔다 갔다 하는 전자기장을 보내면 그 전류가 더 커져 도난 방지 장치가 발생시키는 신호에 교란을 준다. 도난 방지 장치는 이것을 감지해 내는 것이다. 마치 라디오의 주파수를 맞추어야 제대로 소리가 들리듯이 도난 방지 장치의 기둥 역시 정해진 전파에만 반응하는 것이었다.

이것을 알루미늄 포일로 감싸면 외부에서 걸어 주는 전자기장을 차단하게 된다. 태그 안 에나멜선 코일은 아무 반응을 하지 않게 되고 도난 방지 장치는 아무것도 감지하지 못하게 된다. 그 결과 나는 무사히 통과할 수 있었던 것이다. 아주 단순한 구조인 셈이다. 호기심을 풀고 나니 몇 년 묵은 때를 벗긴 것처럼 몸과 마음이 다 후련했다.

콘덴서
얇은 금속판 사이에 종이 등을 끼워 전하를 모아 두는 역할을 하는 부품. 주로 라디오에서 잡음을 제거하거나 시간을 지연시키거나 라디오 주파수를 선택하는 등의 회로를 만들 때 사용한다.

설마 수건을 훔쳐 가는 사람이 있을까?

몇 년 전 정부의 여성 특별 위원회가 목욕탕의 남탕에서는 수건을 주는데 여탕에서는 수건을 주지 않는다며 목욕탕 업계에 시정을 권고한 적이 있다. 그러자 목욕탕 업계는 여탕의 수건 분실률이 남탕보다 더 높다면서 행정 소송을 냈다. 재판부는 이 문제를 해결하기 위해 결국 실험을 해 보기로 했다. 서울 시내 목욕탕 두 곳을 선택해서 2주간 수건의 분실률을 조사했는데 여탕에서의 분실률이 남탕 분실률보다 4~6배나 높았다고 한다. 심지어 남탕의 수건 회수율은 100퍼센트보다 높은데(집에서 가지고 온 것도 두고 가는 남자들), 여탕의 회수율은 절반 전후였다. 결국 재판부는 목욕탕 업계의 손을 들어 주었다.

도난 방지 장치를 '장착한' 우리 동네 찜질방 수건은 어떨까? 그사이 찜질방 아저씨와 친해져서 수건이 얼마나 없어지는지 슬쩍 물어봤는데 놀랍게도 우리 동네는 남탕이 더 많이 없어진다고 했다. 그런데 처음에는 수건이 분실된 줄 알았는데, 알고 보니 없어진 수건들은 모두 락커 구석이나 샤워 부스 구석에 보이지 않게 처박혀 있었다고 한다. 심지어는 사우나 천장에도 붙어 있었다며 "사내들은 아이나 어른이나 철없긴 마찬가지."라며 혀를 차셨다. 남자들이란.

디지털의 완성 "삑"

"삑. 계산이 완료되었습니다."

몇 년 전 일본을 여행할 때 초밥집에서 저녁을 먹은 적이 있다. 일본어를 한마디도 할 줄 몰랐지만 배고픔에 장사 없다고 무작정 맛있어 보이는 곳에 들어갔다. 사람이 많아 좁은 틈을 비집고 간신히 앉기는 했는데 먹는 것도 일이었다. 말도 안 통하니 일단 옆 사람이 하는 대로 눈치껏 접시를 집어 놓

고, 손을 들어 녹차를 리필하고, 그럭저럭 배를 채웠다.

한참을 먹다 보니 슬슬 계산을 어떻게 해야 할지 걱정되었다. 계산서가 따로 없었다. 어떻게 해야 하나? 일단 먼저 계산하는 사람을 지켜보기로 했다. 잠시 후 건너편에 앉아 있던 직장인으로 보이는 사람이 일어났다. 종업원이 접시를 정리하는가 싶었는데 계산대로 간 직장인은 금방 돈을 지불하고 나갔다. 순식간에 일어난 일이라 도무지 알 수 없었다. 이건 또 무슨 시스템이란 말인가?

다른 사람이 일어나길 기다리다가 지쳐 일단 부딪쳐 보기로 했다. 내가 자리에서 일어나자 종업원이 재빨리 오더니 우리가 먹은 접시를 한 줄로 쌓았다. 그러고는 주머니에서 휴대폰처럼 생긴 것을 꺼내 접시 위에 올려놓았다. 곧바로 "삑" 하는 소리와 함께 접시별로 몇 개를 먹었는지, 그리고 총 금액이 화면에 떴다. 신기해서 지켜보고 있으니 종업원은 나에게 살짝 눈웃음을 지어 주고는 볼펜 같은 것으로 화면을 몇 번 누르더니 입구 쪽으로 안내했다. 순간 입구 쪽의 계산대에서 역시 "삑" 소리와 함께 계산서가 튀어나오는 것이 아닌가? 초밥집조차 디지털화된 시대에 우리는 살고 있는 것이다.

교통 카드를 녹여라!

디지털화의 상징인 "삑" 소리는 우리나라에서도 들을 수 있다. 바로 교통 카드 단말기가 내는 소리이다. 버스나 지하철을 탈 때 교통 카드를 단말기에 가져가면 "삑" 소리와 함께 자동으로 교통비가 빠져나간다. 사실은 카드에서 뭔가가 빠져나가는 것이 아니라 카드의 정보를 단말기가 읽고 화면으로 표시해 줄 뿐이다. 그렇다면 단말기는 어떻게 카드의 정보를 읽어 낼까? 심지어는 접촉하지 않아도 된다. 그 방법을 알아보기 위해 교통 카드를 분해해

교통 카드를 아세톤에 녹이는 모습

지하철의 교통 카드 단말기

보기로 했다. 카드를 어떻게 분해하냐고? 녹이면 된다. PVC 재질인 교통 카드는 아세톤에 쉽게 녹기 때문에 안에 무엇이 들어 있는지 쉽게 알 수 있다. 1000원 남짓 남을 때까지 사용한 교통 카드를 아세톤에 넣어 보았다. 넣자마자 보푸라기가 일듯 카드 겉면의 코팅 필름이 벗겨지고 서서히 카드가 흐물흐물 녹기 시작했다. 10분 정도 지나자 카드 안에 숨어 있던 노란 에나멜선 코일이 드러났고, 30분 정도 지나니 카드는 다 녹고 에나멜선만 남았다. 이 에나멜선을 건져 건조시켰다.

PVC와 아세톤
플라스틱의 한 종류인 PVC는 고분자 유기 물질로, 석유를 분해할 때 나온다. 아세톤은 이런 고분자 물질의 고리를 잘 잘라 내기 때문에 PVC로 만든 교통 카드를 쉽게 녹일 수 있다.

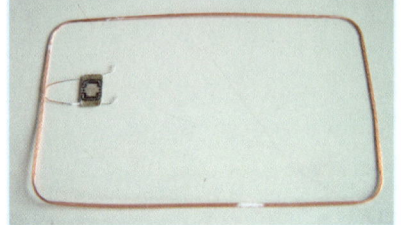

교통 카드에서 나온 코일과 칩

교통 카드와 단말기의 은밀한 대화

교통 카드의 비밀 역시 찜질방의 도난 방지 태그처럼 코일에 있었다. 그러나 교통 카드의 경우에는 에나멜선 코일 한쪽에 콘덴서가 아닌 칩이 연결되어 있었다. 그래서 찜질방 태그보다는 교통 카드가 더 야무져 보였다. 사실 이 둘은 역할이 조금 다르다. 찜질방은 수건을 갖고 통과하는 것만 체크해서 벨을 울려 주면 되기 때문에 다른 정보를 저장할 칩이 필요 없지만, 교통 카드는 단말기와 접촉할 때마다 요금을 지불하고 남은 돈의 액수를 기억해야 하기 때문에 칩이 반드시 필요하다.

그렇다면 어떤 방식으로 돈을 빼갈까? 칩 안에 정보가 저장되어 있다면 칩만 있어도 되지 않을까? 코일은 어떤 역할을 할까? 코일은 기본적으로 안

> **물리가 반짝**
>
> **교통 카드의 비밀**
> 교통 카드 제조 회사 홈페이지에 질문을 올렸다.
> "교통 카드를 분해해도 잘 작동되나요?"
> 일주일 후 답변이 올라왔다.
> "카드의 고의적 손상은 본사가 책임지지 않습니다."
> 만족할 만한 답을 듣지 못한 나는 곧바로 교통 카드 제조 회사 엔지니어에게 전화를 걸었다.
> "교통 카드 코일의 모양을 변형시켜도 잘 작동됩니까?"
> "코일의 면적과 감은 수에 따라 성질이 달라지기 때문에 건드리지 않는 게 좋습니다."
> "그러면 휴대폰에 달고 다니는 작은 카드는 어떻게 만듭니까?"
> "죄송합니다만, 그건 비밀입니다. 알려 드릴 수 없습니다."
> 비밀을 알아내지 못해 아쉽지만 전화를 끊을 수밖에 없었다.

테나의 역할을 한다.

버스나 지하철역에 있는 교통 카드 단말기는 전파를 내보낸다. 교통 카드를 단말기에 가까이 가져가면 단말기의 전파 때문에 교통 카드에 내장되어 있는 코일에 전류가 흐르게 되고 카드에 있는 칩은 이 전류를 전원으로 삼아 칩에 담긴 정보를 단말기에 보낸다. 카드 번호 같은 정보를 수신한 단말기는 차비가 500원이니 500원을 달라고 다시 신호를 보내고, 카드는 500원을 주고 남은 돈이 얼마인지를 다시 칩에 저장한다. 이 과정이 성공적으로 완결되면 "삑" 소리와 "감사합니다."라는 사무적인 여성 목소리가 단말기에서 울린다. 삑 소리는 말 그대로 디지털의 완성을 뜻하는 신호인 셈이다.

교통 카드와 단말기의 은밀한 대화

누드 교통 카드 만들기

수업 자료로 쓰기 위해 이 코일과 칩을 코팅했다. '누드' 교통 카드가 만들어진 셈이다. 이러고 나니 '실험기'가 발동했다. 누드 교통 카드를 가지고 버스를 타 보자!

똘똘한 학생 하나를 꾀어 누드 교통 카드를 단말기에 대는 순간을 촬영하

눈으로는 볼 수 없는 세상

게 했다. 그 학생이 먼저 타고 촬영 준비를 하면 내가 올라타면서 단말기에 누드 교통 카드를 대기로 했다. 먼저 탄 학생은 셔터만 누르면 된다. 계획은 간단하지만 사실 '창피함'이라는 커다란 벽이 있었다.

드디어 버스가 왔다. 학생이 먼저 탔다. 승객이 제법 많았다. 그 학생은 타자마자 통로를 막고는 카메라를 단말기에 들이대고 내가 탈 때까지 기다렸다. 보다 못한 버스 기사 아저씨가 뒤로 가라고 '심하게' 으름장을 놓았다. 학생은 찍소리도 못하고 뒤로 물러났다. 1차 시도는 이렇게 실패했다. 까칠한 버스 기사 아저씨 때문에 다음 정거장에서 바로 내려 버렸다.

길을 건너서 반대 방향의 버스를 탔다. 이번에는 내가 사진을 찍고 학생이 누드 교통 카드를 대기로 했다. 제일 먼저 올라타서 카메라를 단말기에 들이대고 누드 교통 카드를 기다렸다. "찰칵" 짧은 순간, 단 한 컷을 찍었다. 찍자마자 액정으로 확인을 하니 너무 어두워서 사진이 많이 흔들렸다. 재시도. 내려서 다음 버스를 탔다. 이번에는 플래시를 터트렸다. 플래시가 터지는 순간 버스 안의 사람들이 다 우리를 쳐다봤다. 창피했다. 그런데 그다음 들리는 소리는 우리를 한없이 부끄럽게 만들었다.

"잔액이 부족합니다." 냉정한 여인의 목소리.

순간 버스가 적막에 휩싸였다. 그리고 뒤에서 사람들이 수군댔다.

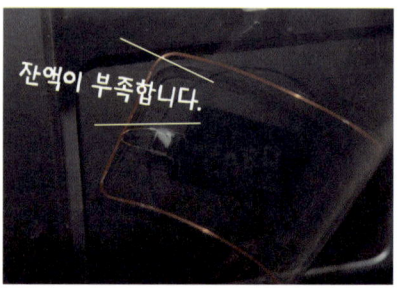

코팅한 교통 카드를 단말기에 대는 문제의 장면이다. 이 다음 순간 "잔액이 부족합니다."라는 메마른 목소리가 들렸다.

물리가 반짝

엔지니어와의 인터뷰

"앞으로는 교통 카드에 사용하는 기술이 마트에서도 쓰인다고 하던데요……."

"그 기술은 무선 주파수를 이용해 사물이나 사람에 부착된 태그를 인식하고 정보를 주고받을 수 있는 기술인데 이것을 RFID(radio frequency identification)라고 합니다. 요즘에는 대형 마트의 계산대에서 점원이 바코드를 읽어 계산을 하는데, 가

RFID 태그

까운 미래에는 전파를 이용해서 지나가기만 해도 '빠르게' 계산이 될 겁니다. 줄을 설 필요가 없어지는 거죠."

"모든 상품에 RFID 태그를 부착하면 귀찮을 것 같은데요. 지금처럼 바코드를 사용하면 스티커로 붙이거나 포장지에 인쇄만 하면 되잖아요?"

"귀찮아도 좋은 점이 많아요. RFID 태그를 이용하면 사과 하나하나의 정보를 다양하게 담을 수 있습니다. 사과의 생산지, 수확 일자, 유통 경로, 당도, 가격, 농약의 살포 여부 등을 저장할 수 있고, 바코드처럼 가까이 가져가야 하는 것이 아니라 수십 미터 밖에서도 그 정보를 얻을 수 있는 장점이 있죠. 가까운 미래에는 마트에서 휴대폰처럼 생긴 단말기를 사과에 대면 "삑" 하는 소리와 함께 화면에 생산자의 얼굴과 과수원의 사진, 사과의 유통 경로 동영상 등이 나올지도 모릅니다."

RFID 태그
일본의 초밥집에서 종업원이 접시 위에 단말기를 놓아서 계산한 것도 알고 보니 접시 안에 있는 RFID 태그를 인식하는 기술이었다.

● 아파트 출입 카드를 휴대폰 뒤에 붙이기 ●

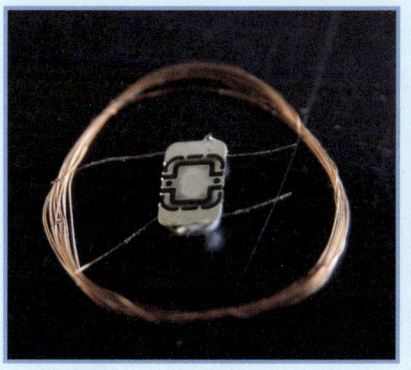

아파트 출입 카드의 코일을 말아 휴대폰 뒤에 붙였다. 여러 번의 시행착오 끝에 완성시켰다.

"잔액 부족이라서 플래시가 터졌나 봐."
"요새 버스엔 별 장치가 다 있어."

아무튼 누드 교통 카드로도 버스 승차가 가능하다는 것을 확인할 수 있었다. 그러나 역시 '눈이 즐거운 과학'의 길은 험난하다.

누드 교통 카드 실험을 응용할 수 있다. 실험 며칠 뒤 내가 자행한 일은 아파트 출입 카드 튜닝이다. 요즘 아파트 현관에는 주민 출입용 카드 단말기가 설치되어 있다. 출입 카드를 단말기에 대면 디지털의 완성 "삑" 소리도 들린다. 마침 출입 카드가 교통 카드와 같은 크기여서 휴대하기 불편해 '튜닝'을 했다. 우선 출입 카드를 아세톤에 녹였다. 잃어버리면 5,000원이나 내야 한다는 관리 사무소 아저씨의 경고가 잠깐 떠올랐으나 애써 기억에서 지우고 출입 카드의 코일과 칩을 아세톤에서 꺼내 내 휴대폰 뒷면에 테이프로 부착했다. 실험 삼아 단말기에 대 보니 삑 소리와 함께 출입문이 열렸다. 경비 아저씨는 못 봤겠지.

테이블 벨 질식시키기

테이블 벨 소동

우리 학교 근처에 이름만 보면 도저히 삼겹살집이라고 생각하기 힘든 '여우골'이라는 가게가 있다. 자리를 잡고 앉으려던 때였다. 술에 취한 손님이 종업원을 불러 화를 내는 것이었다. 다른 종업원이 주문을 받으러 왔기에 왜 이리 소란스러운지 물어보았더니 자초지종은 이렇단다. 술 취한 손님이 술을 더 시키기 위해 테이블 벨을 여러 번 눌렀는데 아무도 주문을 받지 않자 자신을 무시하는 줄 알고 화풀이를 했다는 것이다. 큰소리는 좀처럼 잦아들지 않고 있었다. 종업원이 테이블 벨의 배터리가 다 되었다며 죄송하다고 연방 머리를 조아렸지만 손님은 "저기에 배터리가 왜 들어가냐?"라며 오히려 더 화를 냈다. 급기야 주인이 나서서 드라이버로 테이블 벨을 뜯어내 안에 있는 배터리를 보여 주자 그때서야 "제때 배터리를 갈았어야지……."라며 화를 누그러뜨렸다.

리모컨과 테이블 벨
무선 조종의 가장 친숙한 예는 가정용 리모컨이다. 리모컨처럼 가까운 거리의 조종은 적외선을 사용한다. 적외선은 빛이기 때문에 벽을 뚫지 못하지만 간편하다는 잇점이 있다. 반면 테이블 벨은 전파를 사용하므로 적외선보다 더 멀리 전달되고 얇은 벽이나 칸막이는 뚫고 전달된다.

사실 나도 매번 누르기만 했지 테이블 벨의 정확한 원리는 모르고 있었다. 주변에 전선이 없는데도 신호가 멀리 전달되고 칸막이를 높게 친 경우에도 전달되는 것으로 봐서 전파를 이용하는 것 같다는 추측만 했을 뿐이다.

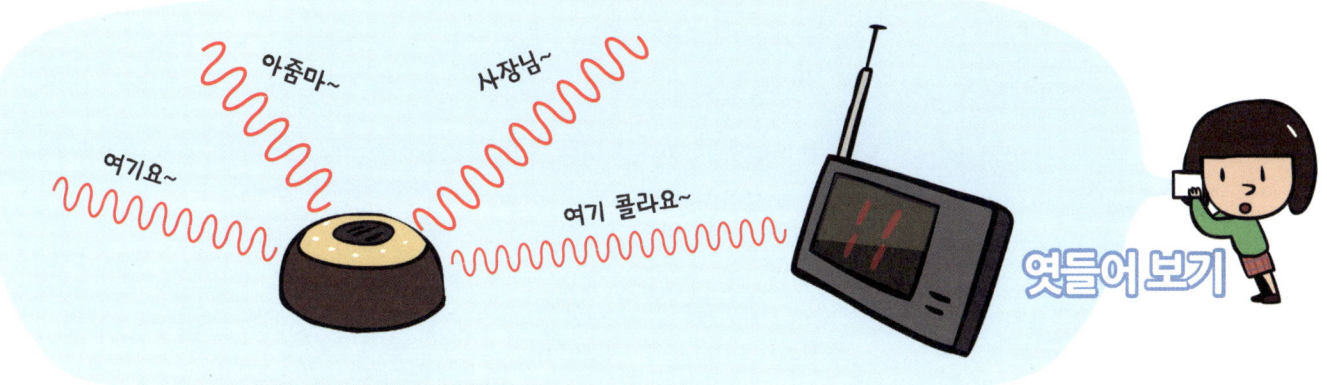

"눌러 주세요"

그런데 식당에는 무선 신호를 보내는 것이 또 있었다. 사실 나도 최근에야 알게 되었다. 그 장치를 발견한 것은 아주 화창한 봄날, 정원이 딸린 식당에서였다. 식당 자동문 근처 벤치에 오랫동안 앉아 있었는데, 그 자동문에는 "눌러 주세요."라는 문구가 적힌 버튼이 있어 사람들은 버튼을 눌러 문을 열었다.

처음에는 아무 생각 없이 사람들이 들락거리는 것을 보고 있었는데, 문득 버튼 주위로 전선이 보이지 않는다는 것에 생각이 미쳤다. 여태껏 나는 버튼이 전선과 연결되어 있어서 누르면 신호가 전달되는 줄 알고 있었다. 설

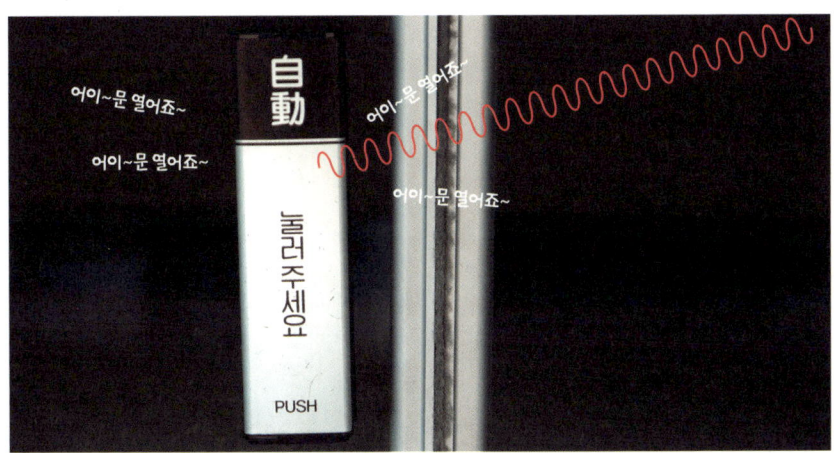

마 이렇게 간단한 것에도 전파 기술이 사용되리라고는 상상하지 못했던 것이다. 테이블 벨과 마찬가지로 이것도 역시 버튼 안에 건전지가 들어 있고 전파를 내보낼 수 있는 송신기가 들어 있었던 것이다. 그리고 수신기가 자동문의 어딘가에 달려 있어서 모터를 가동시켜 문을 여는 것이었다.

곧바로 알루미늄 포일이 생각났다. 전자기 차폐 현상을 가장 쉽게 만들 수 있는 알루미늄 포일. 찜질방에서 도난 방지 태그를 훔칠 때 전파를 차단하기 위해 썼던 그 알루미늄 포일 말이다. 만약 자동문이나 테이블 벨을 포일로 감싼다면 버튼을 아무리 눌러도 전파가 나오지 않을 것이다.

전자기 차폐
금속과 같은 도체로 둘러싸면 그 안에는 전파가 들어오지도 나가지도 못하게 된다. 휴대폰을 포일로 빈틈없이 감싸면 전화를 걸어도 울리지 않는다.

문제의 22번 테이블

실험을 하기로 마음먹은 것은 식당에서 테이블 벨을 발견하고 나서였다. 정확히 말하면 버튼을 눌러도 종업원이 안 온다고 손님이 화를 낸 바로 그 여우골에서였다.

그러나 수중에 알루미늄 포일이 없었다. 종업원에게 달라고 하기에는 식당 분위기가 썩 좋지 않았다. 실험은 다음을 기약했다.

바로 다음 주말 아내와 외식을 하기로 했다. 물론 외식 장소는 미리 물색해 둔, 테이블 벨이 설치된 가게였다. 테이블 벨이 있는 가게가 어딘지를 미리 알아봐 준 것은 아내였다. 최종 결정된 실험 장소는 집 가까이 있는 보쌈집. 아내는 보쌈집이 반찬 종류도 많고 쌈을 싸는 채소도 다양하기 때문에 버튼을 여러 번 눌러도 이상해 보이지 않고, 칸막이가 있기 때문에 눈치를 보지 않아도 된다며 적극 추천했다. 본인이 보쌈을 먹고 싶어서 그러는 건지 진정으로 남편의 실험을 위해서 그러는 건지 살짝 의심이 가기는 했지만, 꽤 그럴듯했다.

보쌈집은 개업한 지 얼마 되지 않는 듯 모든 것이 새것이었다. 당연히 테이블 벨도 반짝반짝 빛이 났다. 일단 주문을 하기 위해 벨을 눌렀다. "띵동" 소리와 함께 저 멀리 전광판에 "22번"이라고 떴다. '음, 22번이 우리 테이블이군.' 젊은 종업원이 잽싸게 다가와서 메뉴판을 주고 갔다.

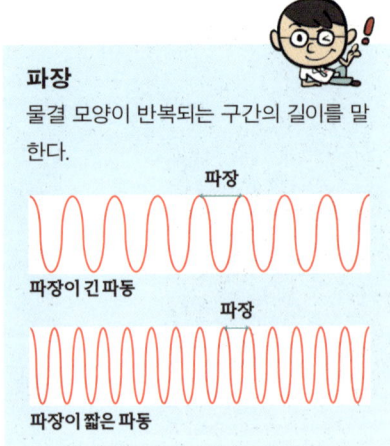

파장
물결 모양이 반복되는 구간의 길이를 말한다.

파장이 긴 파동

파장이 짧은 파동

주문을 하고 곧바로 실험 준비에 들어갔다. 주머니에서 꼬깃꼬깃 구겨진 포일을 꺼내 테이블 벨 위에 씌웠다. 순간 종업원이 들이닥쳤다. 우리는 종업원에게 들키고 말았다는 생각에 바짝 긴장했다. 종업원은 고기와 채소, 앞접시를 놓다가 우리의 석연치 않은 행동을 보고는 알 듯 모를 듯한 미소를 짓고 돌아갔다. 우리 둘은 마주보며 종업원의 미소에 대해 고민했다. 무슨 의미일까?

포일을 씌운 테이블 벨

일단 1차 실험에 들어갔다.

"만약 벨이 울리면 뭘 시키지?"

"사이다 한 병 시키지 뭐."

긴장 속에 살짝 버튼을 누르자 불행히도 "떵동" 하면서 벨이 울리고 전광판에 22번 숫자가 큼지막하게 떴다. 냉큼 달려오는 종업원에게 떨떠름하게 사이다를 시켰다.

'왜 벨이 울리지? 무엇이 문제일까?'

전파가 빠져나갈 구멍이 있는 것이 아닐까? 우리는 포일을 좀 더 펴서 주변까지 가리고 테이블의 아래쪽까지 감쌌다. 이제 2차 실험에 들어가려고 하는데, 아내가 먹고 하자고 했다. 역시 실험보다는 젯밥에 관심이 있었군. 각종 채소에 고기를 싸서 먹다 보니 어느덧 상추가 떨어졌다. 이때다. 다시 포일로 벨을 감싼 다음, 조심스럽게 버튼을 눌렀다. 여전히 "떵동" 하며 전광판에는 22번이 떴다.

종업원이 상추를 채워 주고 갔다. 종업원의 뒷모습을 보며 왜 전파가 차단되지 않는지 고민했다. 과학 원리를 다시 곰곰이 생각해 보다가 우선 '전자기 차폐'부터 짚어 보았다. 알루미늄 포일 같은 도체로 둘러쌀 경우 도체 안의 전기장이 '0'이 되는 것을 '전자기 차폐'라고 한다. 전파는 전기장과 자기장의 진동인데 그중 전기장을 차단하면 자기장도 만들어지지 않아 결국 전파가 통하지 않게 된다. 그리고 전파의 종류에 따라 차단되는 정도가 결정되는데 파장이 긴 라디오파는 모기장 정도의 철망이면 차단된다고 한다.

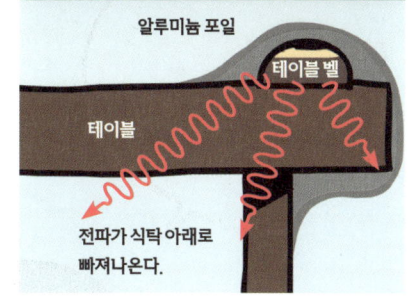

전파가 식탁 아래로 빠져나온다.

테이블 벨이 사용하는 280메가헤르츠 안팎의 전파는 라디오파보다 파장이 짧으니 더 빈틈없이 감싸야 한다는 말인데, 벨이 부착된 테이블의 구조상 테이블을 통째로 감싸지 않는 한 빈틈을 없앤다는 것은 불가능해 보였다. 테이블을 모조리 포일로 감싼다고 상상해 보라. 아무리 보쌈집이라지만 손님이 테이블을 쌈 싸 먹는 것을 곱게 봐 줄 리 없을 것이다.

테이블을 통째로 알루미늄 포일로 둘러싸면 이렇게 되겠지?

방법은 간단하다. 테이블에 부착된 벨을 떼서 벨만 감싸면 된다. 하지만 쉽게 떨어질 것 같지 않았다. 만약 떼다가 부서지기라도 한다면 낭패다.

  살펴보니 다행히 양면 테이프로 붙인 것 같았다. 힘을 조금만 주어도 떨어질 것처럼 보였다. 둘이 앉아 밥은 안 먹고 테이블 벨을 이리저리 살펴보고 있으니 이 모습을 보다 못한 옆 테이블의 한 남자가 호의를 베풀며 우리에게 말을 건넸다.

  "고장 났으면 저희 테이블 벨 누르세요."

  친절한 그 남자는 손수 벨까지 눌러 주었다. 반갑지 않은 "띵동" 소리가 울리자마자 종업원이 뛰어왔다. 다시 사이다를 시켰다. 일단 사이다를 한 컵 들이키고 벨을 살펴보니 붙인 지 얼마 되지 않아 들뜬 곳이 보였다. 살짝 밀어 보니 "쩍" 하면서 의외로 쉽게 떨어졌다. 재빨리 포일로 빈틈없이 감쌌다. 그리고 벨이 울리면 주문할 동치미 국물을 단번에 들이키고 벨을 눌렀다.

● 테이블 벨 질식시키기 ●

전파는 포일 속에서 나오지 못하고 계속 반사되다 결국 흡수된다.

성공!

'아!' 전광판에 숫자가 뜨지 않았다. 성공이다. 여러 번 연달아 눌러도, 아무리 눌러도 종업원은 다른 곳을 보고 있었다. 아예 쳐다보지도 않았다. 직접 해 보니 '여우골 손님'을 조금은 이해할 수 있을 것도 같았다. 포일을 벗겨 내고 테이블 벨을 제자리에 잘 붙였다. 다시 벨을 눌러 동치미 국물을 시켰다. 그러고는 종업원에게 살며시 미소를 지어 주었다. 서비스로 나오는 누룽지까지 다 먹고 실험 성공을 이룬 기쁜 마음으로 보쌈집을 나섰다.

늦가을 하늘에 별이 총총히 빛나고 있었다. 별빛도 전파의 일종인데, 빛이 전파라는 것을 이론적으로 처음 밝힌 영국의 물리학자 맥스웰이 학회에 그 사실을 발표하기 전에 그의 연인에게 이렇게 말했다고 한다.

"저기 저 별빛이 전파의 한 종류라는 것을 아는, 세상에서 유일한 사람과 함께 있는 기분이 어때?"

돌아오는 길에 아내에게 이 이야기를 하니 "꺽" 하며 거하게 트림으로 답해 주었다. 아내에게는 실험의 성공보다는 보쌈을 먹은 보람이 더 크리라.

제임스 클러크 맥스웰
(James Clerk Maxwell, 1831~1879년)
영국의 물리학자로 전기와 자기를 총정리한 이론을 완성했다.

눈으로는 볼 수 없는 세상

미국의 핸즈 온 뮤지엄
(기체 분자의 운동 체험 기구)

방방곡곡 눈이 즐거운 과학관 산책 2

만지는 체험형 과학관

과학관의 전시물을 관람객이 작동할 수 있도록 하면 금방 고장이 나거나 망가진다. 그래서 과학관을 관람하다 보면 작동이 안 되는 전시물을 종종 볼 수 있다. 하지만 반대로 생각하면 관람객들이 그만큼 만지는 것을 무척이나 좋아한다는 말이 된다.

   미국에는 모든 전시물을 만질 수 있게 만든 과학 박물관이 있다. 이름도 '핸즈 온 뮤지엄(Hands on Museum)'이다. 아이들이 만지작거리다가 고장이라도 낼까 봐 무척 걱정스러웠지만, 한편 우리나라에 이런 과학관이 없다는

미국의 핸즈 온 뮤지엄(만질 수 있도록 늘어놓은 실험 기구들)

국립 과천 과학관(매머드의 화석)

게 안타까웠다. 가뜩이나 교실에서 책으로 배우는 게 갑갑한 학생들에게 좀 더 친숙하고 쉽게 과학을 배울 수 있는 기회를 제공하려면 우리도 이런 과학관을 하나 만들어야 하지 않을까?

어쨌든 아이들이 전시물마다 두세 명씩 둘러서서 만지작거리는 모습은 참으로 진지해 보였다. 아이들이 그 원리는 모를지라도 과학과 친해지고 있다는 느낌은 확실히 받았다.

대전의 국립 중앙 과학관
(중앙홀의 '과학의 역사' 특별 전시관)

우리나라에도 조금은 비슷한 과학 박물관이 두 개 있다. 개관한 지 얼마 되지 않아서 아직 고장이 덜 나 있는 '국립 과천 과학관'과 과학관의 지존 대전의 '국립 중앙 과학관'이 그것이다. 국립 과천 과학관은 여러 분야를 전시하느라 전문성은 떨어지지만 나름대로 관람객이 직접 실험해 볼 수 있는 전시물들을 비교적 많이 마련해 놓았다.

두 곳 이외에도 각 시도 교육청이 관리하는 과학관들이 있다. 그중 국립 서울 과학관은 특히 전시물들이 다양하니 둘러보는 재미가 있을 것이다. 또한 2013년 말 융합 과학을 주제로 한 국립 대구 과학관이 새로 개관한다. 넓은 3층 건물에 200여 점의 전시물과 체험 공간이 만들어진다니 기대가 된다.

눈이 즐거운 세상 세 번째

눈에 보이는 것과 다른 세상

우리는 병에 들어 있는 것이 잘 나오지 않을 때 거꾸로 들고 바닥을 치는 습관이 있다. 그런데 이것은 과학적인 행동일까?

생각해 보면 평소에 별 생각 없이 하는 행동들이 있다. 습관이나 버릇이기도 하지만 어떤 것들은 생활 속 지혜라고 여기며 꽤 과학적이라고 착각하기도 한다.

얼마 전 학생 몇 명에게 피자를 사 준 적이 있다. 녀석들은 피자가 나오자마자 빛의 속도로 달려들었다. 그중 한 녀석이 핫소스를 피자에 뿌려 먹는다며 핫소스 병을 거꾸로 들었는데 잘 나오지 않았는지 곧바로 병 바닥을 손바닥으로 여러 번 치는 것이 아닌가? 핫소스는 한 방울도 나오지 않았고 녀석은 손만 아파했다. 황당한 것은 그 녀석이 핫소스가 없다며 점원을 불렀는데 대학생쯤 되어 보이는 점원도 역시 같은 행동을 했다는 것이다.

병을 거꾸로 들어 손바닥으로 치면 '관성' 때문에 안에 들어 있는 핫소스는 더욱 바닥 면에 붙으려 한다. 마치 정지해 있던 버스가 갑자기 출발하면 몸이 뒤로 쏠리는 것과 마찬가지다. 반대로, 버스가 급정거하면 몸이 앞으로 쏠리는데, 이것을 응용해서 핫소스를 나오게 하려면 핫소스 병을 빠르게 운동시키다 피자 바로 위에서 급정지시켜야 한다. 그래야 버스에서 몸이 앞으로 쏠리듯 핫소스가 병을 탈출해서 튀어나온다.

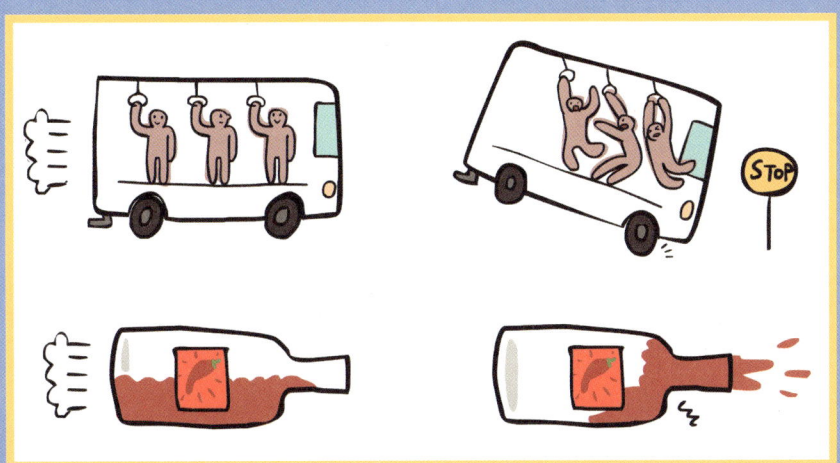

이렇듯 우리는 나름대로의 방식으로 과학적이라고 생각하고 있지만 그것이 실제로는 전혀 과학적이지 않은 경우가 많다. 「눈이 즐거운 세상 세 번째: 눈에 보이는 것과 다른 세상」에서는 이러한 '몹쓸' 생각들을 파헤쳐 보려 한다. 그래서 우리가 잘못 알고 있는 과학을 '몹쓸 과학'이라고 이름 붙여, 우리가 잘못 생각하고 있는 몇 가지 '불치병'을 치료해 보려 한다.

지구에서 무중력 만들기

온몸이 오그라들 것 같은 싸한 느낌

자동차를 타고 가다가 언덕을 빨리 넘을 때 바닥이 꺼진 것 같은 느낌을 받은 적이 있는가? 놀이 공원의 롤러코스터 같은 기구를 타고 내려올 때 엉덩이가 살짝 들리면서 온몸이 오그라드는 것 같은 느낌을 받은 적이 있는가? 그 묘하고 싸한, 말로 이루 표현하기 힘든 그 느낌의 정체는 바로 '무중력의 느낌'이다. 롤러코스터를 타고 떨어지는 순간, 자동차가 덜컹 언덕을 넘는 순간 우리는 무중력을 경험한다. 이 느낌을 1년 이상 느낀다면 어떻겠는가?

러시아 인 발레리 폴랴코프는 지금까지 우주에서 가장 오래 머문 지구인으로 1994년부터 1995년까지 무려 438일 동안 우주에 있었다. 1년이 훨씬 넘게 롤러코스터를 탄 셈이다. 그것도 한없이 내려가기만 하는 롤러코스터를 말이다.

이렇게 우주에 오래 머문 우주 비행사들은 지구로 돌아왔을 때 오히려 중력에 적응을 하지 못해 여러 훈련을 받는다고 한다. 무중력 상태인 우주에서는 지구와 달리 크게 힘을 쓸 필요가 없어 근육이 줄어들기 때문이다.

무중력은 중력이 없는 것이다?

평소에는 지구가 우리 몸을 당기는 만큼 바닥이 우리를 위로 밀어 주기 때문에 중력을 느끼고 산다. 하지만 놀이 공원에서 롤러코스터를 탈 때처럼 바닥이 우리 몸을 받쳐 주지 않는 상황이 되면 우리는 중력을 느끼지 못한다. 이런 상태를 무중력 상태라고 한다. 그러니 무중력 상태는 중력이 없는 것이 아니라 느끼지 못하는 상태이다.

무중력 상태를 쉽게 만드는 방법은 바닥을 없애는 것이다. 스카이다이빙처럼 10여 분 동안 바닥이 없는 하늘에서 계속 낙하하는 것은 무중력 상태를 비교적 그럴싸하게 지구에서 경험하는 가장 좋은 방법이다.

지구에서는 좀처럼 보기 힘든 현상들도 무중력 상태에서는 쉽게 관찰할 수 있다. 무중력 상태에서는 물이 완벽한 구형의 물방울로 공중을 둥둥 떠다니기 때문에 컵에다 담을 수 없어 빨대로 먹어야 한다. 잠을 잘 때 벨트를 하지 않으면 공중에 떠다니다가 어디 부딪힐 수도 있다. 또 빼놓을 수 없는

물리가 반짝

미르 우주 정거장

(왼쪽) 발레리 폴랴코프가 머물렀던 미르 우주 정거장. 1987년 처음 발사했고 수차례 추가 장비를 설치했다. 15년 동안 과학 실험을 수행하고 2001년 3월 폐기했다. ©NASA (오른쪽) 2001년 3월 23일 남태평양 피지 상공에서 떨어지며 산화되는 미르의 모습. ©NASA

발레리 폴랴코프(Valeri Polyakov, 1942년~)
우주에서 가장 오래 머문 우주인. 438일 동안 우주 정거장 '미르'에 머물면서 수많은 과학 실험을 수행했다.

무중력 상태
중력을 느끼지 못하는 상태. 지구 주변을 도는 우주 기지나 우주선 안에서 무중력을 경험할 수 있으며, 지구에서는 번지 점프나 스카이다이빙처럼 떨어지는 운동에서 무중력을 경험할 수 있다.

눈에 보이는 것과 다른 세상 **101**

신기한 현상은 촛불이 '동그랗게' 된다는 것이다. 중력의 효과가 나타나지 않기 때문에 공기의 무게로 인해 생기는 대류 현상이 없어져 타원형이 아니라 물방울처럼 동그랗게 되는 것이다.

그러나 실제로는 어떨까? 동그란 물방울을 빨대로 빨아먹는 것은 텔레비전과 과학 책에서 수도 없이 봤지만 동그란 촛불을 사진으로 본 적은 없다. 그렇다면 무중력 상태를 만들어서 그때 촛불 모양이 어떻게 되는지 찍으면 된다. 어떻게 지상에서 무중력 상태를 만들까? 답은 의외로 간단하다. 촛불은 <mark>자유 낙하</mark>로 떨어뜨리면 된다.

촛불 모양이 자유 낙하 중에 어떻게 변하는지 관찰해야 하니 상자 안에 촛불과 캠코더를 함께 넣고 이 상자를 떨어뜨리면 실험은 끝난다. 위 사진처럼 상자 안에 촛불과 캠코더를 고정시키고 충격을 완화시킬 수 있도록 작은 상자를 받친 후 캠코더를 테이프로 단단히 고정시켰다. 그리고 이 상자를 학

물리가 반짝

낙하 시간 계산

낙하 거리 = 12m, 중력 가속도 = 9.8m/s²

$$낙하\ 시간 = \sqrt{\frac{2 \times 거리}{중력\ 가속도}}$$

$$= \sqrt{\frac{2 \times 12m}{9.8m/s^2}}$$

$$≒ 1.56s$$

12미터 높이에서 자유 낙하하는 데 걸리는 시간은 약 1.56초이다.

자유 낙하
번지 점프처럼 지구의 중력으로 인해 아래로 떨어지는 운동

교 건물 4층에서 떨어뜨리기로 했다.

  4층 높이에서 떨어뜨리므로 예상 낙하 거리는 대략 12미터, 예상 낙하 시간은 1.56초 정도였다. 밑에서 커다란 보자기를 펼쳐 떨어지는 상자를 안전하게 받을 수 있도록 준비했다.

순식간에 끝난 실험

  캠코더는 내 것이 아니라 빌린 것이었기에 원만한 실험 진행을 위해 캠코더 주인에게는 실험 내용을 비밀에 부쳤다. 그렇지만 비슷한 크기의 물체들을 미리 낙하시켜 보아 낙하 위치와 충격 정도를 알아보고 안전하게 상자를 받을 수 있도록 만반의 준비를 했다.

  촛불에 불을 붙이고 캠코더의 녹화 버튼을 눌렀다. 그리고 상자를 밀봉했다. 창문을 열고 낙하 위치를 확인한 후 큰소리로 오케이(OK) 사인을 받고 낙하시켰다.

  실험은 정말 '찰나'에 끝났다.

  상자는 보자기에 안착하는가 싶더니 튕겨나가 바닥으로 굴렀다. 상자를 열어 보니 캠코더는 고정된 그대로였지만 양초가 이리저리 굴러 캠코더가 온통 촛농 범벅이 된 상태였다.

  녹화 중지 버튼을 누르고 거꾸로 돌린 후 동영상을 확인해 보았다.

  예상대로라면 자유 낙하를 하는 촛불은 완전히 동그란 모양이어야 했다. 그러나 기대와는 달리 동그랗지 않았다. 104쪽 상자의 사진처럼 '잠깐' 불꽃이 작아졌다.

  왜 동그랗게 변하지 않았을까? 우선 심지 길이가 짧아 촛불의 아랫부분이 캠코더에 찍히지 않은 것도

물리가 반짝

무중력 상태에서의 촛불 모양

원형으로 나타나지는 않지만 촛불 모양이 급격히 작아진다.

한 가지 원인으로 들 수 있을 것이다. 또한 상자를 밀봉한다고 하기는 했지만 작은 틈들로 공기가 들고나면서 촛불이 흔들린 것으로 보였다.

우리는 다시 초의 심지 길이를 길게 하고 완벽하게 밀봉해 다시 실험을 하고자 했으나, 불행하게도 캠코더 주인이 우리의 실험을 처음부터 지켜보고 있었던 것을 그제서야 알게 되었다. 다행히 그때까지도 캠코더 주인은 자신의 캠코더가 자유 낙하를 하고 바닥에 뒹굴고 있으리라고는 꿈에도 생각지 못했던 모양이다. 운 좋게도 그 순간의 위기는 모면했지만 다시 실험을 하기는 어려웠다.

104 눈이 즐거운 물리

● 무중력 상태에서의 촛불 모양 ●

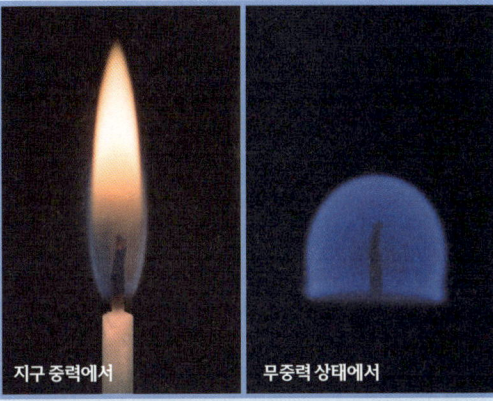

지구 중력에서의 촛불 모양(왼쪽)과 무중력 상태에서의 촛불 모양(오른쪽)이다.
미국 항공 우주국(NASA)에 있는 30미터 높이의 글렌(Glenn) 낙하탑에서 실험 장비를 자유 낙하시킴으로써 무중력 상태를 만들었다. 약 2.2초 동안 무중력 상태를 만든다. ©NASA Glenn Research Center NASA-GRC

지구 중력에서   무중력 상태에서

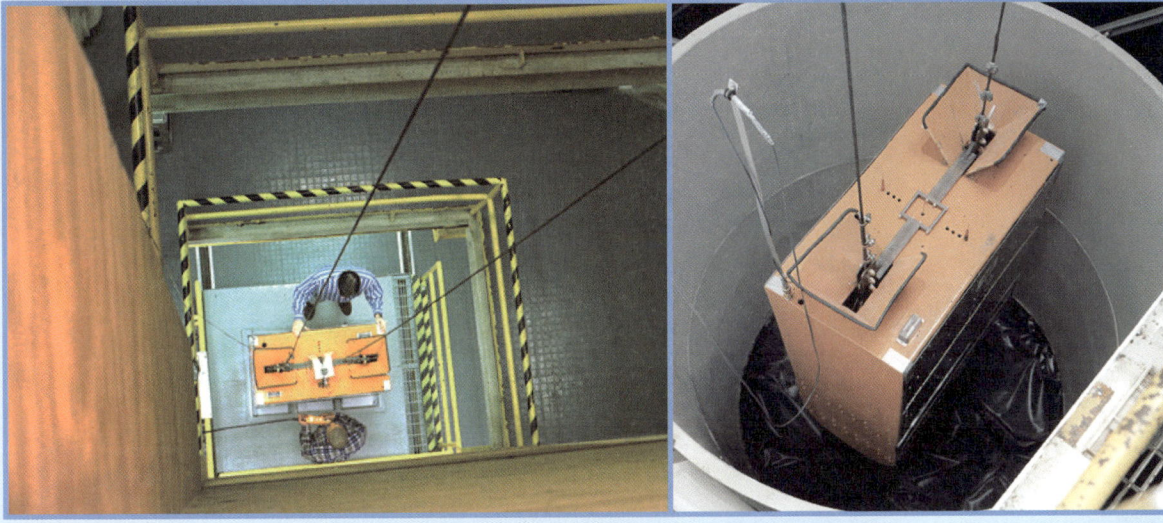

실제로 실험을 수행한 글렌 낙하탑 내부 모습(왼쪽)과 실험 장비(오른쪽)이다. ©NASA Glenn Research Center NASA-GRC
우주에서는 화재의 위험성 때문에 촛불 실험을 하지 않는다고 한다.

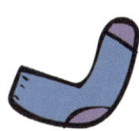

눈에 보이는 것과 다른 세상

색깔이 변하는 자동차

자동차 색깔을 바꾸는 신기한 터널

 벚꽃이 만개한 초봄 전라남도 지방을 여행한 적이 있다. 날씨도 좋고 추위도 가셔 모처럼 나들이에 나선 참이었다. 제법 긴 터널을 지나는데 뒤에서 어떤 차가 "부웅" 하는 소리와 함께 맹렬하게 앞질러 지나갔다. 시속 80킬로미터로 달리는 내 차 옆을 추월하는 것을 보니 시속 150킬로미터는 족히 되어 보였다. 괜히 자존심이 상했다.

 '저 검은색 차 잡아!'

 한적한 나들이는 어느새 긴박함이 감도는 레이싱으로 변했다. 나는 필사적으로 가속 페달을 밟아 가며 검은색 차를 따라잡기 시작했다. 내 차라고 못할쏘냐? 나는 그 차를 따라잡는 데 혈안이 되어 터널이라는 것도 잊고 제한 속도를 훌쩍 넘기고 있었다. 더군다나 차선 변경이 금지되어 있는 터널에서 여러 번 차선을 바꿔 가며 달리고 있었다. 한참을 달려 터널이 얼추 끝나갈 무렵에야 그 차와 거리를 어느 정도 좁힐 수 있었는데 이게 웬일인가? 검은색이 아니라 파란색 차였다.

터널에서 차선 변경을 금지하는 이유
터널은 조명이 어둡고 밀폐된 공간이라서 운전자들이 차와의 거리를 분간하는 능력이 떨어져 사고가 발생할 확률이 높기 때문에 차선 변경을 금지하고 있다.

분명 검은색이었는데 터널을 빠져나오니 파란색으로 변해 있었다. 그러고 보니 옆에 지나가는 다른 차들도 터널을 빠져 나오는 족족 그 색이 완전히 달라졌다. 놀란 것도 잠시, 앞에 또 하나의 터널이 보였다. 이번에는 어떤 차의 색이 달라 보일까?

평소와 다르게 주위를 두리번거리며 터널에 진입했다. 이번에는 노란색과 초록색으로 채색된 승합차를 따라갔다. 그 차는 터널에 들어가자 흰색과 탁한 붉은색으로 도색한 것처럼 보였다. 터널에서 같이 달리던 어두운 갈색 버스는 터널을 나오자 밝은 선홍색의 버스로 변했다. 더욱 신기한 것은 갈색으로 보인 '금호 고속' 글자가 터널을 나오니 놀랍게도 초록색이었다는 것이다.

이 터널 색놀이의 원인은 터널 조명이다. 터널 조명으로 사용되는 <mark>나트륨등</mark>이 태양 빛과 달리 노란색의 빛을 내놓는 바람에 자동차의 색이 달라 보

터널 밖과 터널 안

터널 밖   터널 안

나트륨등
나트륨 기체를 넣어 빛을 내는 조명으로 노란색으로 보인다.

눈에 보이는 것과 다른 세상

였던 것이다.

원래 물체의 색이란 비춰 주는 빛에 따라 달라진다. 따라서 빛이 달라지면 색도 달라지게 마련이다. 그렇다면 터널도 훌륭한 '눈이 즐거운 물리'의 실험실이 아닌가!

빨간색 차 뒤쫓기

아쉽게도 그날 나들이에서는 더 이상 터널을 만날 수 없었다. 다음번에 터널을 지나갈 일이 있으면 꼭 '터널 안에서 차의 색깔이 어떻게 변하는지' 실험해 보리라 마음먹고 집으로 돌아왔다.

며칠 뒤 마침 터널을 많이 지나가야 하는 강원도에 갈 일이 있어 터널의 위치까지 파악하고 실험 대상 차의 색깔도 정해서 카메라를 챙겨 나왔다.

계획은 이랬다. 터널 몇 킬로미터 전에 빨간색 차를 발견하면 그 차 뒤를 따라 같이 터널로 진입해 사진을 찍는다. 그다음에는 초록색이나 파란색 차를 대상으로 같은 실험을 한다.

출발 전 커다란 지도에 터널을 표시하고 터널 간 거리와 터널의 길이까지 체크했다. 운전 중 사진을 찍는 위험을 줄이기 위해 카메라를 차 앞 유리에 고정시키고 리모컨으로 촬영할 수 있도록 했다. 자, 이제 출발!

고속도로에 들어서자마자 빨간색 차를 찾느라 눈이 빠져라 두리번거렸다. 그런데 도로에 넘쳐나는 차들은 한결같이 검은색, 흰색, 은색이었다. 우리나라 차들의 색깔이 이렇게나 단조롭다는 것이 그날 따라 원망스러웠다. 한참을 달리다 보니 저 멀리 빨간색 차가 보였다. 가속 페달을 밟고 재빨리 따라잡으려 했으나 너무 멀리 떨어져 있어 따라잡기가 쉽지 않았다. 고속도로에서 시속 100킬로미터로 달리는 앞 차를 따라잡는 일은 아주 위험했다.

어쩔 수 없이 속도를 늦춰 뒤에 오는 차량 중에서 고르기로 했다. 하지만 이것 또한 그리 녹록지 않았다. 어쩌다 발견한 빨간색 차를 기다리기 위해 속도를 줄이면 뒤차들의 성난 경적 소리에 시달려야 했으며 갓길에 잠시 머무르는 것도 아주 위험했다.

결국 운좋게 빨간색 차를 발견해 뒤쫓아 터널로 들어갔다. 그런데 아뿔싸! 터널 속에서도 빨간색인 게 아닌가! 터널의 조명이 흰색이었던 것이다. 그제서야 깨달았다. 새로 지어진 터널은 모두 백색등을 사용하므로 햇빛과

백색등
빛의 삼원색은 빨간색, 파란색, 초록색인데, 세 색의 빛이 합쳐지면 흰색 빛을 낸다. 그래서 백색등이라고 부른다.

요즘에 지은 터널에는 대부분 백색등을 쓰고 있다.

그리 큰 차이가 나지 않는다는 것을……. 아쉬움을 뒤로한 채 그날 실험은 포기해야 했다.

그나저나 햇빛, 백색등, 나트륨등은 어떻게 다를까? 빛을 분석하고 그 특징을 알아내는 데 쓰는 장치가 바로 분광기이다. 빛을 파장에 따라 분리해 스펙트럼을 만드는 장치가 바로 분광기이다. 분광기에 쓰이는 핵심 부품이 바로 회절격자이다.

회절격자는 일종의 창살 같은 구조로 여러 개의 홈이 있는데 그 홈들은 1밀리미터당 수백 개에서 수천 개에 이른다. 회절격자를 통과한 빛은 퍼지게 되는데(회절 현상), 이때 서로 다른 틈에서 나온 빛이 간섭하여 만든 무늬(스펙트럼)를 보고 빛을 분석할 수 있다. 회절격자는 필름 형태로 된 것을 구입할 수도 있고 집에 굴러다니는 시디(CD, 콤팩트디스크)를 이용해 만들 수도 있다.

시디를 가위로 잘라 조각을 만들고 그 조각 표면에 접착 테이프를 붙여 은박을 떼어 내면 무지개처럼 알록달록하게 빛나는 투명한 플라스틱을 얻을 수 있다. 이 플라스틱 조각이 바로 훌륭한 회절격자가 된다. 이것을 상자 한쪽에 붙이고 반대편에 가늘게 틈을 만들어 주면 틈을 통과한 빛이 시디의 회절격자에서 퍼지면서 빛의 스펙트럼을 만들어 낸다. 110쪽 상자를 보면 시디와 종이컵으로 회절격자 분광기를 만드는 법이 자세히 나와 있다.

분광기 만들기

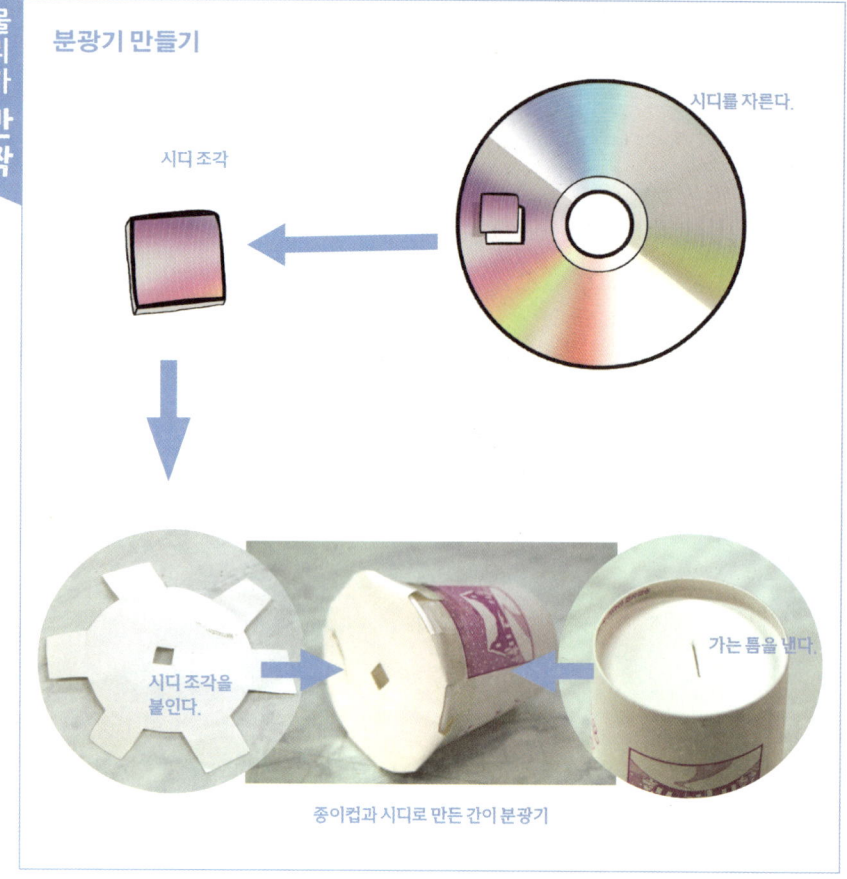

종이컵과 시디로 만든 간이 분광기

종이컵 분광기로 나트륨등을 보자!

이 종이컵 분광기는 한두 시간이면 뚝딱 만들 수 있다. 이 분광기의 가는 틈에 태양 빛을 통과시키면 무지개처럼 빨간색부터 보라색까지 연속적인 색띠를 이루는 아름다운 스펙트럼이 만들어진다. 형광등 빛을 통과시켜 보니 선 스펙트럼이 보였다. 종이컵 분광기 완성!

'그렇다면 터널의 노란 나트륨등은 어떨까?'

갑자기 궁금해졌다. 집에 나트륨등이 없어 무작정 차를 끌고 근처 터널로 향했다. 그런데 터널 안에서 분광기를 들이대고 사진을 찍는 것은 생각보다 위험한 일이었다. 차를 세울 수도 없고 천천히 가더라도 빛이 부족해 사진을 찍기가 힘들었다. 터널 안에 인도가 있다면 모를까 그 안에서 사진을 찍는 다는 것은 목숨을 담보로 하는 일이었다.

결국 집으로 방향을 틀었다. 터널 대신 집 근처 가로등 중 노란색인 것을 찾아 돌아다니면서 일일이 분광기를 들이대고 사진을 찍었다. 한 시간쯤 돌

선 스펙트럼
형광등이나 나트륨등에는 몇 가지 색의 빛이 있다. 선으로 보이는 것들이 조명에서 나오는 빛들이다.

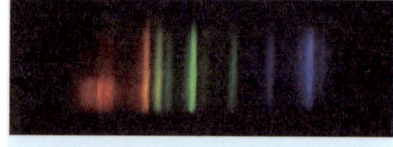

연속 스펙트럼
태양 빛이나 백열등 빛에는 거의 모든 색의 빛이 다 들어 있어서, 끊어지지 않은 스펙트럼을 볼 수 있다.

> **물리가 반짝**
>
> **분광기로 본 여러 빛의 스펙트럼**
>
>
>
> 백열등의 스펙트럼: 거의 모든 색의 빛이 다 들어 있는 빛
>
>
>
> 형광등의 스펙트럼: 파란색과 초록색의 빛이 많이 들어 있는 빛
>
>
>
> 나트륨등의 스펙트럼: 노란색과 빨간색의 빛이 주로 들어 있는 빛

았나, 한참 아파트 단지 내 조명을 분광기로 보고 사진을 찍고 있었는데 아파트 관리 사무소의 한 아저씨가 다가오더니 대뜸 이렇게 물으셨다.

"혹시 조도 측정하시나요?"

종이컵으로 대충 만든 분광기가 어느새 첨단 조도 측정기가 되어 있었다.

나는 일일이 사정을 말하기 어려워 그냥 씩 웃었다. 그러고는 혹시나 싶어 물었다.

"여기 나트륨등은 어디 설치되어 있나요?"

"아, 저기 지하 주차장 출입구에 밝은 거 설치해 놨지."

그러면서 건너편 지하 주차장 출입구를 가리키셨다. 지하 주차장 출입구 쪽으로 달려간 나는 재빨리 분광기를 들이대며 사진을 찍었다.

나트륨등의 스펙트럼은 빨간색과 초록색이 밝게 나타나는 모습을 보였다. 빨간색 빛과 초록색 빛이 더해지면 노란색 빛이 되는데 스펙트럼에서도

조도
단위 면적이 단위 시간에 받는 빛의 양. 단위는 럭스(lux) 또는 포트(phot)를 쓴다.

눈에 보이는 것과 다른 세상 **111**

● 터널 안에서의 파란색 차 ●

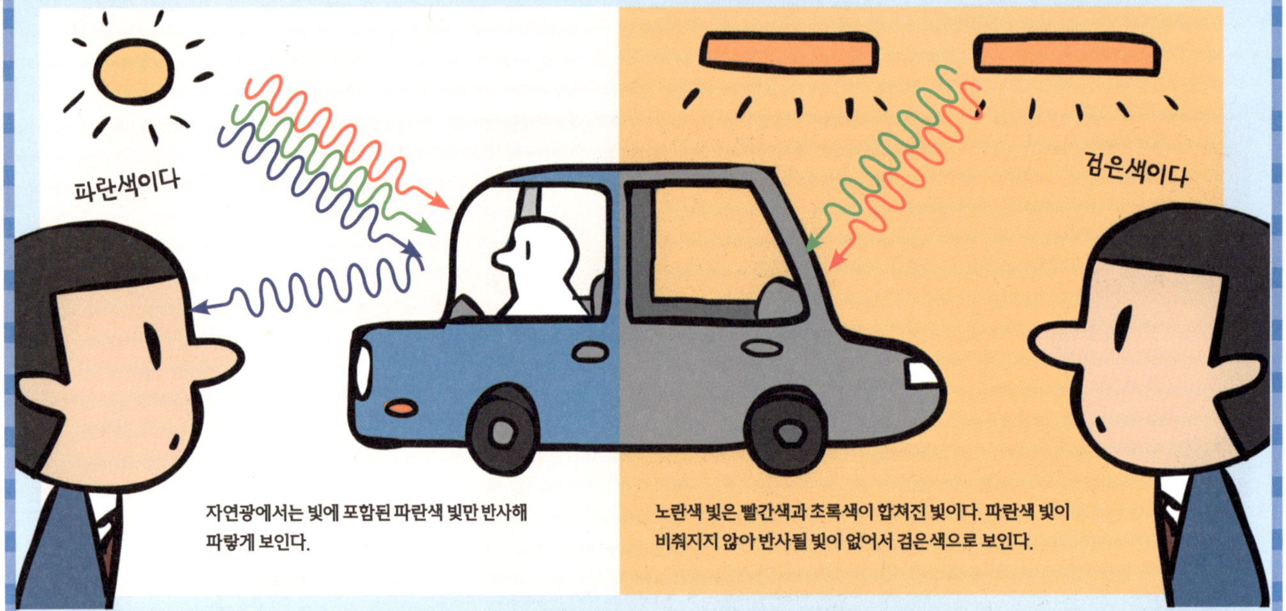

파란색이다

자연광에서는 빛에 포함된 파란색 빛만 반사해 파랗게 보인다.

검은색이다

노란색 빛은 빨간색과 초록색이 합쳐진 빛이다. 파란색 빛이 비춰지지 않아 반사될 빛이 없어서 검은색으로 보인다.

터널 밖에서 파란색으로 보이던 차가 터널 안에서는 검은색으로 보인다.

이것을 확인할 수 있었다. 파란색도 약간 나타나는 것을 보니 순수한 나트륨만으로 빛을 내는 것은 아닌 듯했다. 나중에 알고 보니 나트륨등에는 나트륨뿐만 아니라 아르곤 등의 기체가 같이 들어가 있다고 한다.

111쪽 상자의 사진들은 내가 한밤중에 쏘다니며 찍은 스펙트럼 사진들이다. 어떻게 다른지 확인해 보자.

자동차 색깔 바꾸기 마술

이제 나트륨등을 찾았으니 터널에서 못 한 실험을 다시 할 수 있을 것 같았다. 빨간색 자동차만 지나가면 되니까.

'여긴 차량이 수시로 들락날락하니까 기다리면 되겠지.'

아르곤
화학적으로 아주 안정한 기체로 거의 모든 반응에 관여하지 않는다. 전구 속을 채우는 가스로 쓰거나 용접할 때 주로 쓴다.

그런데 10분 정도 기다려도 빨간색 차가 지나가지 않았다. 안 되겠다 싶어 안에 주차된 차들을 둘러보니 모두 흰색 아니면 은색, 어쩌다 검은색이었다.

'아, 어찌하여 사람들은 이토록 원색 자동차를 싫어하는가! 빨갛고 노란 자동차가 없다면 내가 만들고 만다.'

난 오기로라도 이 실험을 끝내야겠다고 마음먹고 빨간색 차, 파란색 차, 초록색 차, 문짝만 빨간색인 차 등 소형 자동차 9대를 순식간에 만들어 버렸다.(아래 상자의 사진을 보라.)

> **물리가 반짝**
>
> **형광등과 나트륨등 조명에서의 자동차 색깔 비교**
>
>
>
> 형광등 조명에서의 자동차
>
>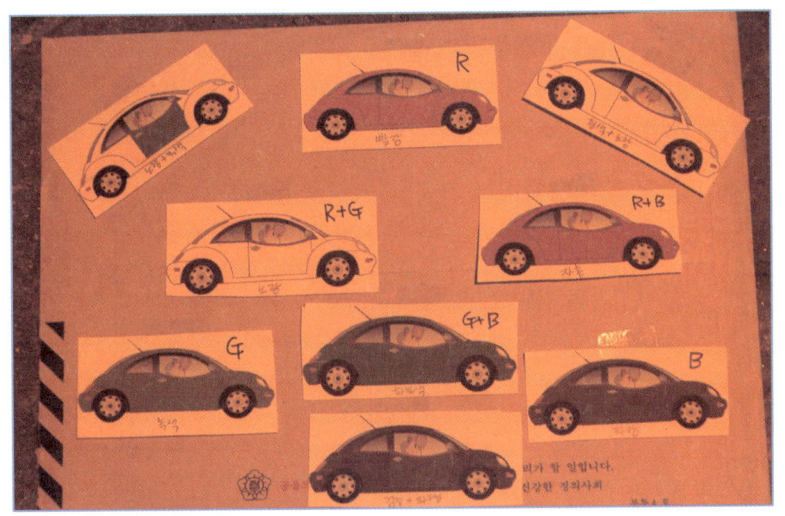
>
> 나트륨등 조명에서의 자동차

눈에 보이는 것과 다른 세상 **113**

핸즈 온 뮤지엄에 전시된 실험

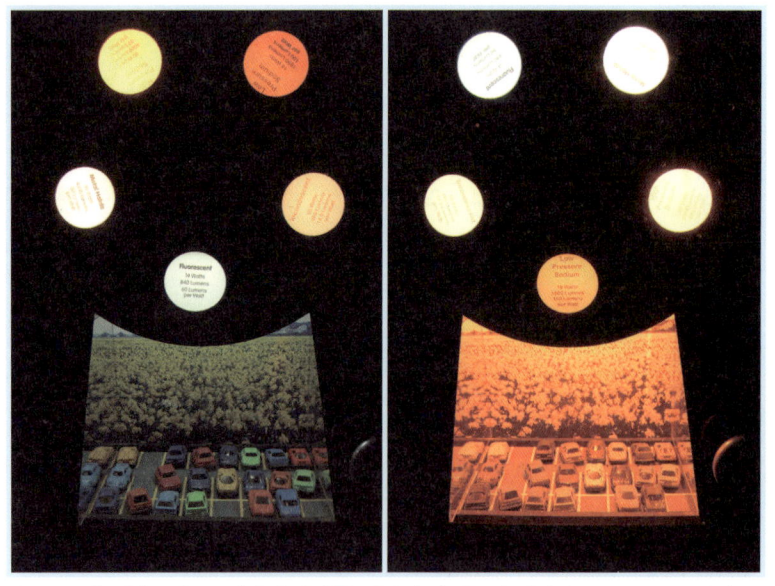

미국에 있는 핸즈 온 뮤지엄에 다녀올 기회가 있었는데 신기하게도 그곳에 내가 했던 실험과 똑같은 실험이 좀 더 세련된 형태로 전시되어 있었다.

색색이 꾸민 자동차 그림들을 컬러 프린터로 뽑아서 큰 종이에 붙이고는 주차장 입구로 달려갔다. 재빨리 바닥에 깔고 사진을 몇 장 찍었다. 터널에서 봤던 파란색 차는 역시 노란색 조명에서 검은색으로 보였다. 비교를 위해 문짝만 파란색으로 칠한 검은색 차도 나트륨등 아래에서는 검은색과 파란색이 잘 구분되지 않았다. 속이 다 시원했다.

우리가 보는 물체의 색은 그 물체 고유의 것도 절대적인 것도 아니다. 사과로 예를 들어 보자. 사과가 빨갛게 보이는 것은 태양 빛에 섞여 있는 빨간 빛을 사과가 잘 반사하기 때문이다. 빨간빛이 섞여 있지 않은 초록색 네온사인 불빛 아래 두면 사과는 흑백 사진에서처럼 검은색(회색)으로 보이게 된다.

다시 나트륨등 이야기로 돌아가 보자. 노란 나트륨등을 가로등이나 터널 조명으로 쓰는 것은 야간에 물체를 잘 식별하게 해 주고, 안개나 연기로 인해 시야가 흐려질 때도 산란되지 않고 멀리까지 전달되기 때문이라고 한다. 그런데 이런 나트륨등이 백색등에 밀려날 위기에 처했다. 나트륨등의 노란 빛이 우리가 한 실험에서처럼 유채색을 무채색으로 만들어 버리고, 도로 근처 생물들의 생장에까지 영향을 준다고 한다.

한술 더 떠 어떤 전문가들은 나트륨등의 빛이 사람을 우울하게 만들어 자살 충동, 우발적 범죄 등을 야기할 수 있다고 주장한다. 그래서 한강 다리나 인적이 드문 지하 주차장에 설치된 나트륨등은 지금 퇴출될 위기에 처해 있다. 야경에 관심을 두고 도시 미관을 고려하는 지방 자치 단체들도 가로등을 이런 '우울한' 나트륨등 대신 '산뜻한' 백색등으로 대치한다고 한다.

만약 모든 나트륨등이 백색등으로 교체된다면 터널에서 자동차 색깔이 변하는 일도 없어질 것이다. 그러면 종이컵 분광기를 가지고 빛을 쪼개 보려는 나 같은 물리 교사만 우울해지려나.

내 뒷머리를
잘 보려면?

중이 제 머리를 못 깎는다

"중이 제 머리를 못 깎는다."라는 속담을 체험해 보는 텔레비전 프로그램이 있었다. 사람 앞에 큰 거울을 놓고 뒤에 놓인 작은 거울을 보면서 자기 머리를 자르는 것이었다. 텔레비전을 보면서 그들의 엽기 행각이 재미는 있었지만 참 한심하다는 생각을 지울 수 없었다.

그런데 '사건'은 머리를 다 깎은 뒤에 터졌다. 제대로 깎였는지 보기 위해 손거울로 이리저리 비춰 보던 출연자가 머리의 전체 모습이 보고 싶은지 팔을 쭉 펴서 손거울을 멀리 떨어뜨리는 게 아닌가? 거울을 멀리 하면 더 넓은 부분을 볼 수 있다고 생각하는 것 같았다. 게다가 더 놀라운 것은 '셀프'로 이발한 당사자가 거울을 멀리 하고는 '전체적으로' 잘 깎였다면서 뿌듯한 표정을 지었다는 것이다.

습관적으로 우리는 거울을 멀리 하면 더 넓은 면적을 볼 수 있다고 믿는다. 그러나 평면 거울일 경우 거울을 얼굴에서 아무리 멀리 해도 더 넓은 부분을 볼 수 없다. 더 넓게 보려면 큰 거울이 필요할 뿐이다. 거울의 크기가 같

화장용 거울의 크기
여성들이 들고 다니는 거울들은 그 크기가 거의 일정하다. 사람의 평균적인 얼굴 크기와 휴대성을 고려한 것이다.

다면 같은 면적만 보일 뿐이다. 몇 번 시도해 보면 자연스럽게 그 결과를 알 수 있음에도 불구하고 많은 사람이 가지고 있는 이 습관은 전혀 고쳐질 기미가 보이지 않는다. 더 넓은 면적을 보기 위해 습관적으로 거울을 멀리 하는 행동은 과연 어디에서 나왔을까?

이발소에서의 결투

궁금한 것이 있으면 풀어야 하는 게 나의 병인지라 이 문제를 이발 전문가에게 묻고 싶어졌다. 내친김에 이발을 하려던 걸 한 주 당겨서 바로 동네 이발소로 나섰다. 거울과 관련해 질문할 몇 가지를 머릿속으로 생각해 갔다.

단독 주택만 옹기종기 모여 있는 구시가지 주택가인 우리 동네는 이사를 하는 사람도 적고 주민들도 10여 년씩 살던 사람들이라 그 이발소에는 단골 고객이 많다. 나 역시 20년 단골이다. 내가 중학생이 되면서 초등학교 시절 짝꿍이었던 여학생과 헤어지고 '여자는 쳐다보지 말고 공부만 하자.' 하고 다짐하면서 일명 '스포츠 머리'를 했던 곳이며, 중학교 3학년 때에는 멋을 부리기 위해 지금의 아저씨에게 무스를 발라 달라고 당당히 요구했던 곳이다. 그런데 10여 년이 지난 지금 아저씨가 가진 거울에 대한 상식을 테스트하러 간다고 생각하니 왠지 모르게 큰 잘못을 저지르는 게 아닌가 하는 생각이 들었다. 그깟 어쭙잖은 과학 원리 하나 모른다고 30년 이발 경력에 무슨 흠집이야 가겠는가?

'아저씨께 잘못하는 건 아니겠지.'라고 생각하며 이발소 입구에 들어섰다. 아저씨가 내 머리에 물을 뿌린 후 한참이나 가위질 소리가 계속되었다. 초등학교 시절 "이럴 때 졸면 귀가 잘릴지도 모른다."라는 아저씨의 위협에 졸린 눈을 부릅뜨고 거울 속 내 얼굴을 뚫어져라 보고 있었던 기억이 나 혼자 웃었다. 그때는 아저씨보다 내가 훨씬 작았는데 지금은 아저씨보다 더 크니, 세월의 무상함이 실감 났다.

어느 정도 손질이 끝나고, 아저씨는 여느 때처럼 손거울로 뒷머리를 비춰 주며 길이의 만족도를 물으셨다. 20년간 이발사와 손님으로 호흡을 맞춰 온 사이 아닌가. 길이는 언제나처럼 일정했다. 이때 1차로 돌발 질문을 했다.

"아, 저기 뒤통수 다 보이게 전체적으로 한번 보여 주시겠어요?"

자연스럽게 말은 꺼냈지만 은근히 말끝이 떨렸고 아저씨의 표정에 조심

미용실의 분무기
미용실에서 머리를 다듬기 전에 분무기로 물을 뿌리는 이유는 빗과 머리카락의 마찰로 인한 정전기를 막고, 결을 잘 맞추어 자르기 위해서다.

스레 눈이 갔다.

예상대로 아저씨는 거울을 내 뒤통수에서 멀리 떼어 놓았다. 아저씨도 내 앞에 있는 거울을 통해 뒷머리의 모양이 보이는지라 금방 내가 잘 보이도록 각도를 맞춰 주셨다. 하지만 뒤통수는 더 많이 보이지 않았다. 그렇지만

"자, 됐지?"

이렇게 말씀하셨다. 그 순간 "그게 아니고요. 원래 거울을 멀리 해도 반사되는 각도만 변하고……"라고 말하고 싶었지만 이런 선생투의 발언을 했다가는 들고 있는 가위에 진짜 귀가 잘릴지도 모른다.

그래서 약간 돌려서 말을 건네 보았다.

"네, 좋은데요?"

살짝 웃어 드리고,

"그런데요. 지금처럼 거울을 멀리 하면 뒷모습이 더 많이 보이잖아요? 근데 제가 해 보니까 잘 안 되더라고요. 그냥 그대로인 것 같던데……. 지금도 그런 것 같고요."

슬쩍 아저씨의 표정을 살피고, 정말 궁금한 표정을 지으면서 진지하게 물었다.

"글쎄, 멀리하면 더 잘 보이잖아. 아닌가? 어디……."

이렇게 말씀하시고는 거울에 당신의 얼굴을 비춰 보며 점점 얼굴에서 멀리 해 보셨다. 거울의 크기를 봤을 때 아무리 멀리 해도 이마 끝에서부터 턱

물리가 반짝

거울을 멀리 하면 더 많이 보인다?

거울을 멀리 놓아도 보이는 면적은 같다.

눈에 보이는 것과 다른 세상

대부분의 학생이 거울에서 멀리 떨어져서 보면 전신이 보일 거라 생각한다.

주변까지만 보일 것이다.

"어, 그러네. 거참 이상하네."

아저씨의 대답은 "신기하네."가 아니라 "이상하네."였다.

"그렇죠?"

뭔가 대단한 것을 발견한 것처럼 나는 신기한 표정을 지으려 노력했다.

"그러게. 분명 멀리 하면 더 많이 보여야 하는데 그렇지가 않네. 여태까지 잘못 알고 있었던 건가?"

못 믿겠으면 직접 해 봐!

"이상하네."라는 말을 하는 것은 본인의 생각이 잘못된 것을 인정하지 않는 반응이다. 다시 말하면 새로운 생각을 받아들일 자세가 되어 있지 않은 상태다. 하지만 아저씨처럼 자신의 생각을 굳게 믿는 사람일수록 반대되는 설득력 있는 증거를 제시할 때 오히려 더욱 쉽게 돌아선다. 자신의 생각과 다른 생각에 직면했을 때 갈등을 더 많이 느낄수록 생각을 바꾸기가 쉽다는 말이다.

갈등 상황에서의 개념 변화
과학을 가르칠 때, 학생이 자신의 생각과 다른 상황을 보고도 계속 자신의 생각이 맞다고 여기는 학생일수록 올바른 과학 개념으로 생각을 바꿀 확률이 크다고 한다.

갈등이 최고조에 이른 그때 "이상하네."라는 대답을 "신기하네."로 바꾸기 위한 '설득력 있는' 원리 설명이 꼭 필요하다.

나는 아저씨에게 원리를 알아낸 것처럼 조심스럽게 말을 건넸다.

"제가 생각해 보니까요. 거울을 멀리 하면 거울 속에 보이는 내 얼굴이 작아지잖아요. 그러니까 같은 거울에 내 모습이 더 많이 비춰질 것 같은데, 사실 거울을 멀리 하면 거울도 작아지게 되니까 결국 같은 넓이만 보이는 게 아닐까요?"

"……"

이발소에 오기 전에 머릿속에서 짜 놓은 시나리오대로라면 지금쯤 아저씨는 무릎을 치며 "그렇네! 거참 신기하네!"라는 반응을 보이셔야 했다. 그런데 일이 그렇게 술술 풀리지는 않을 듯했다. 곁눈질로 본 아저씨의 표정은 '이걸 굳이 귀찮게 생각을 해서 이해를 해야 하나, 아니면 생각하기 귀찮은데 그냥 넘겨야 하나.' 하고 또 다른 갈등을 겪고 있는 표정이었다. 그래서 내 친김에 잽싸게 예를 하나 들었다.

눈이 즐거운 물리

● 멀리서 봐도 넓게 안 보이는 이유 ●

작은 거울이 가까운 곳에   작은 거울이 먼 곳에

보이는 면적은 거울의 크기에만 관계 있다.

큰 거울이 가까운 곳에   큰 거울이 먼 곳에

"예를 들어 코만 보이는 작은 거울이라면 그 거울을 멀리 놓았을 때 얼굴 전체가 보일 거라고 생각하는데, 사실 거울을 멀리 놓으면 거울도 작게 보이니까 역시 코만 보이게 되는 거죠."

망설이던 표정은 점점 생각을 하는 표정으로 바뀌고 있었다. 그러다가 이해하는 데 막히는 부분이 있는지 질문까지 하셨다.

"거울이 작게 보인다는 말은……?"

"물건들을 멀리 놓으면 작아 보이잖아요. 거울도 멀리 놓으면 거울 면이 작아지니까……."

"아……."

그제서야 아저씨는 이해를 하신 듯했다. 짧게 외마디 탄성을 자아내시고는 끝내 신기하다는 말씀을 하지는 않으셨다. 인색하다. 아니면 젊은 녀석의 '아는 척'을 못마땅하게 여기셨을까? 물론 아저씨가 확실히 이해를 하셨는지 확인하기 위해서는 몇 가지 질문을 더 하는 일련의 테스트 과정을 거쳐야 했지만, 그것까지는 무리인 것 같아 다른 질문을 드렸다.

"그런데요. 이런 건 몇 번 해 보면 더 넓게 보이지 않는다는 걸 금방 알게 되는데, 왜 사람들은 습관적으로 거울을 멀리 대고 보죠? 저도 자주 그래요."

"그건 한 발짝 뒤로 물러나면 시야가 넓어지니까, 비슷하게 거울도 멀리 하면 더 많이 보일 거라고 생각하는 것이 아닐까?"

예상 외로 아저씨의 대답은 명료했다. 갑자기 예상치 못했던 아저씨의 대답에 당황한 나는 잠깐 머뭇거리다가 아저씨의 말에 고개를 끄덕였다.

한 발짝 뒤로 물러서면 더 넓은 부분을 볼 수 있다. 여행 가서 단체 사진을 찍을 때 사람이 많으면 사진사가 더 뒤로 물러나는 것과 마찬가지다. 물체를 자세히 보고 싶을 때에는 물체에 다가가고, 전체 모습을 넓게 보려면 한 발짝 물러서지 않는가. 거울을 볼 때에도 무의식적으로 이 습관을 따르는 것이다.

그러나 사실은 습관이나 우리의 믿음을 쉽게 배신한다. 가까이서 보든 멀리서 보든 거울 속에 보이는 얼굴 면적은 같다.

백문이 불여일견?

미국 워싱턴 대학교 물리학과 물리 교육 연구 그룹의 프레드 골드버그

시야
사진을 찍을 때 뒤로 가면 더 넓게 보이는 것처럼 사람도 뒤로 물러날수록 더 넓게 볼 수 있다고 생각하는데, 사실 효과는 그리 크지 않다. 사람의 시야는 눈동자를 고정시켰을 때 거의 180도에 가깝다. 따라서 뒤로 물러서서 봐도 비슷하게 거의 모든 정면을 볼 수 있다.

(Fred M. Goldberg)와 릴리안 맥더모트(Lillian C. McDermott) 교수는 교양 수학을 듣는 자연계 대학생들을 대상으로 "작은 평면 거울을 이용해 자신의 모습을 더 넓게 보기 위해서는 어떻게 해야 하는지" 물었다. 내가 이발사 아저씨에게 한 질문과 같은 질문을 던진 것이다.

그 결과 90퍼센트의 학생이 거울을 뒤로 멀리 해야 한다고 답했다. "더 넓게 볼 수 없다."라고 올바르게 대답한 학생은 5퍼센트에 불과했다.

더욱 놀라운 점은 이들을 데리고 실제 실험을 통해서 결과를 보여 주었는데도 여전히 70퍼센트의 학생들이 거울을 멀리 하면 더 넓게 보인다고 잘못된 대답을 했다는 것이다. 눈에 보이는 사실도 믿지 않게 만드는 습관의 힘이 얼마나 강력한지 확인할 수 있다. 30년 경력의 이발사나 이제 갓 스무 살이 된 대학생들이나 별 차이는 없는 것 같다.

얼마 전 백화점의 의류 매장에서도 나는 귀에 거슬리는 한마디를 들었다. 어떤 손님이 옷을 입고 나와 거울에 자신의 모습을 비춰 보는데, 그 옆에 있던 점원이 달라붙어 "좀 더 뒤로 물러나서 보세요. 전체적으로 라인이 살아 있게 옷이 잘 나왔어요." 하는 것이 아닌가? 손님은 점원의 말대로 뒤로 몇 발짝 물러서더니 고개를 끄덕였다.

뻔히 보고도 믿지 않으면서 왜 사람들은 백문불여일견(百聞不如一見)이라는 어려운 말까지 만들어 냈을까?

> **백화점의 전신 거울**
> 나중에 알게 된 사실이지만 백화점의 전신 거울은 완전한 평면 거울이 아니라서 뒤로 갈수록 더 작아 보일 수도 있다.

자, 이 정도 크기의 거울이라면 네 얼굴도 조금 작게 보일 수 있어!

눈에 보이는 것과 다른 세상

우물 안 개구리는 행복할까?

고래가 행복할까, 개구리가 행복할까?

누군가가 "우물 안 개구리는 행복할까요?"라는 질문을 어느 인터넷 포털 사이트에 올려놓았다. 조금은 철학적이면서 장난기 어린 이 질문에 몇 사람이 글을 남겼다. 한 사람은 우물 안에서만 생활한 개구리가 우물 밖으로 나오면 고난과 고통이 시작된다며 우물 안의 개구리는 그 안에서 살 때 행복하다고 했다. 또 다른 이는 우물 안에서 본 하늘이 세상의 전부인 줄 아는 개구리는 불행하다며, 대양(大洋)을 헤엄치는 고래처럼 세상이 넓다는 것을 안다면 더 행복해질 것이라고 했다.

과연 그럴까? 고래가 개구리보다 더 행복할까? 답변을 읽다가 나도 모르게 고래가 본 드넓은 바다의 하늘과 우물 안 개구리가 본 좁고 동그란 하늘을 떠올렸다. 그러다가 문득 '고래는 개구리보다 넓은 하늘을 볼 수 있을까?'라는 의문이 생겼다. 물 속에서 하늘을 볼 때와 물 밖에서 볼 때가 같지 않기 때문이다.

상식적으로 생각하면 물 속에서 볼 때나 물 밖에서 볼 때나 물결 때문에 상이 이지러지는 것 말고는 하늘이 같아 보여야 할 것이다. 하지만 이건 어디까지나 물 속에서 하늘을 '수직'으로 올려보았을 때만 적용되는 이야기이다. 좀 더 시야를 넓혀 비스듬하게 보면 그 모습은 사뭇 달라진다. 바로 수면에서 일어나는 빛의 굴절과 전반사를 고려해야 하기 때문이다.

빛은 물 속으로 들어갈 때와 물 속에서 나올 때 다르게 행동한다. 공기 중에서 물 속으로 들어갈 때에는 일부가 수면에 반사되고 진행 방향이 꺾여 들어가기는 하지만 아무리 비스듬하게 들어가도 물 속으로 들어가기는 한다.

하지만 물 속에서 공기 중으로 나올 때에는 수면에 대한 입사 각도가 어느 정도 이상이면 빛이 공기 중으로 나오지 못하고 모두 수면 아래에서 반사되어 다시 물 속으로 들어가게 된다. 이런 현상을 전반사라고 한다. '모두 반사된다.'는 의미이다. 아래 상자의 그림을 보자. 수면에 대한 입사 각도가 임계각보다 작은 빛인 1번 빛과 2번 빛만 수면을 통과할 수 있다.

이 원리를 고래에 적용해 보자. 이 전반사 때문에 물 속에 있는 고래는 물 속에서 볼 수 있는 바깥 세상이 제한된다. 자신의 머리 바로 위로는 하늘을 볼 수 있지만, 비스듬하게 보면 물 밖을 볼 수 없다. 우물 안 개구리가 볼 수 있는 세계와 크게 다르지 않은 것이다.

전반사를 이용한 예

광섬유를 이용한 광통신

프리즘을 이용한 쌍안경

물리가 반짝

전반사
물 속에서 빛이 나아갈 때 1번, 2번 빛은 굴절해서 밖으로 나아가지만 3번 빛은 수면과 나란하게 진행하며 4번, 5번 빛은 통과하지 못하고 반사되어 물 속 깊은 곳으로 들어간다.

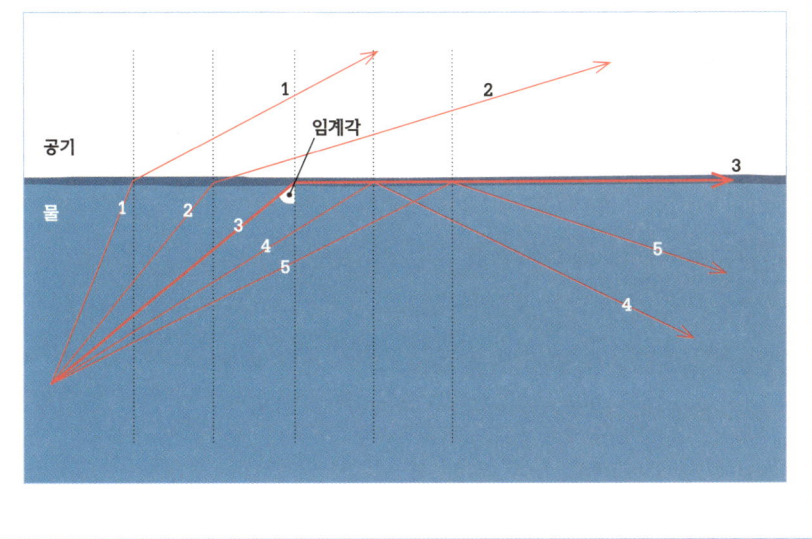

눈에 보이는 것과 다른 세상

물 속에서 넓은 하늘을 볼 수 있을까?

물리학을 공부하다 보면 신기한 현상들을 접할 때가 있다. 그런데 이런 재미있는 현상들을 많은 사람들이 알지 못한다. 전반사와 굴절 때문에 물 밖 세상을 제대로 다 보지 못하는 고래와 다를 바 없는 이 모습이 때로는 답답하다. 더군다나 어떤 이들은 이런 흥미로운 세상이 물리학과 연관된다는 것을 알고는 접근하는 것조차 거부할 정도로 몸서리를 치기도 한다. 이 물리학 혐오증을 치유하는 방법은 실제로 체험하는 것이다.

실은 이 전반사 현상도 주위에서 쉽게 체험할 수 있다. 적당한 장소를 찾아 몸소 겪어 보기로 했다. 물 속에서 물 밖을 보기 위한 장소로 수영장만 한 데가 없겠지만 수영을 할 줄 모르는 내가 수영장을 찾는 것은 낭비다 싶어 동네 목욕탕을 이용하기로 했다.

물 속에서 보는 물 밖 세상을 직접 촬영하기 위해 동생의 디지털 카메라를 '몰래' 빌려 지퍼백에 넣고 물이 새지 않게 잘 밀봉했다. 내 것은 크기가 커서 지퍼백에 잘 들어가지 않았기 때문이다. 또 실험 장소가 대중 목욕탕이다 보니 커다란 디지털 카메라를 가지고 이것저것 촬영하다가는 금방 쫓겨날지도 모르기 때문에 크기가 작은 동생의 디지털 카메라를 몰래 빌렸다.

급조한 수중 카메라

정당하게 빌릴 수도 있었겠지만 자신의 카메라가 습도 100퍼센트의 목욕탕에서, 그것도 뜨거운 열탕 속에서 사용된다면 누가 순순히 빌려 주겠는가? 그래서 동생이 퇴근하기 전까지 실험을 끝내야 했다. 무엇보다 안전하게 마무리하는 것이 중요했다.

일단 지퍼백에 바람을 불어넣고 잠근 후 적당하게 눌러 바람이 새는지 보고 새는 곳이 없다는 걸 확인한 후 모서리 부분을 테이프로 잘 붙였다. 혹시라도 운반 도중 날카로운 부분에 긁히기라도 하면 안 되므로 최대한 꼼꼼하게 붙였다. 지퍼백 안에 디지털 카메라를 넣고 렌즈가 튀어나올 공간도 만든 후, 지퍼를 잠그고 테이프로 밀봉했다. 그리고 테스트용으로 사진을 몇 컷 찍어 본 후 목욕탕으로 향했다.

카운터를 지나 옷을 벗고 목욕탕으로 들어갔다. 뿌연 수증기가 모락모락

피어나는 것이 이곳이 습도 100퍼센트의 악조건임을 보여 주는 것 같았다. 일부러 사람들을 피해 이른 시각에 도착했건만 탕 안에는 벌써 네다섯 명의 사람들이 같은 간격으로 각자 자신만의 공간을 차지하고 있었다. 그중 덩치 큰 아저씨 한 명은 등에 용문신도 있었다! 순간 오늘 실험이 순탄치는 않을 것이라는 예감이 들었다. 일단 '용문신'의 시선을 끌지 않기 위해 유별난 행동을 자제해야 했다. 평소처럼 샤워를 하고 탕 안의 사람들이 나갈 때까지 때를 밀기로 했다. 그날따라 때도 별로 나오지 않았다. 연신 물을 뿌리고 서너 번 비누칠을 하고 나니 팔뚝에서조차 뽀드득 소리가 났다.

20여 분을 기다리니 '용문신'만 남고 모두 자리를 떴다. 동생의 퇴근 시간이 다가오는지라 조급해졌다. 일단 카메라를 때수건으로 덮어 비눗갑과 함께 작은 바가지에 담아 탕 안으로 들어갔다. 발을 담그자 물결이 일어 잠든 '용문신'을 깨웠다. 다행히 '용문신'의 인상이 아주 험악하지는 않았다. 그런데 그가 나를 빤히 보는 것이 아닌가. 그러고는 다시 눈을 감았다. 이상하다 싶어 내 모습을 보니 나이 서른 먹은 다 큰 남자가 때수건과 빨간 비눗갑이 든 작은 바가지를 탕 안에 동동 띄워 놓고 있는 것이 아닌가. 서너 살배기 개구쟁이들과 하나도 다를 바가 없었다.

일단 재빨리 실험에 들어갔다. '용문신'이 잠든 사이에 촬영을 얼른 끝내야 했다. 조심스럽게 밀봉한 카메라를 꺼내 서서히 물 속에 넣어 물이 새는지 살펴보고 전원을 켜 천장을 찍었다. 먼저 수직으로 촬영하고 조금씩 각

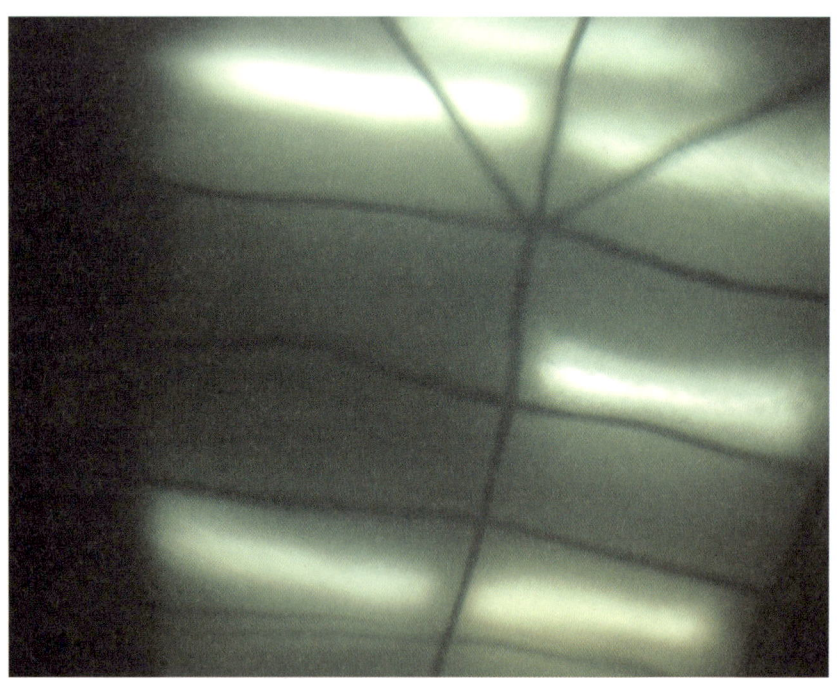
물 표면이 일렁거려서 천장의 조명이 일그러져 보인다.

도를 바꿔 가며 여러 번 찍었다. 그러고는 재빨리 꺼내서 잘 찍혔는지 확인해 보았으나 깜깜한 사진만 찍혀 있었다.

조명이 있는 밝은 쪽이 있었지만 불행히도 '용문신'이 벌써 30분째 꿈쩍 않고 앉아 때를 불리고 있었다. 바로 옆에는 사람이 없는 냉탕도 있었지만 손을 한번 넣어 보았더니 팔뚝에 닭살이 돋을 정도라 차라리 '용문신'과 친해지기로 했다. '용문신' 쪽으로 장비를 이동시키고 그와 닿지 않도록 나란히 앉아 조심스럽게 실험에 들어갔다. 탕 밖 풍경이 찍히기는 했지만 몇 장의 사진에는 '용문신'의 팔뚝이 나와 버렸다.

안타까움을 뒤로하고 다시 촬영을 하고 있는데 갑자기 큰 물결이 일었다. 초등학생으로 보이는 녀석이 탕 안으로 들어와서는 풍파를 일으키고 있었다. 녀석은 '용문신'과 내가 나란히 앉아 있는 모습이 의아한 듯 빤히 쳐다보고는 곧바로 내 실험 도구에 관심을 보였다. 녀석이 눈치를 채면 곤란해질 것 같아 슬쩍 탕에서 나와 탈의실로 갔다. 유리 문 너머로 보니 꼬마 녀석이 내가 두고 온 작은 바가지로 물장난을 치고 있었다. 보다 못한 용문신이 인상을 쓰며 탕 안에서 나오는 게 아닌가! 진작 꼬마 녀석을 탕 안에 투입할 걸 그랬다.

집에 와서 지퍼백에서 카메라를 꺼내니 습기 하나 없이 뽀송뽀송했다. 지퍼백을 누가 개발했는지 참으로 대단하다고 생각하며 컴퓨터로 사진을 옮

눈이 즐거운 물리

● 온탕 속에서 본 목욕탕 풍경 ●

가운데 부분에 경계가 보인다.

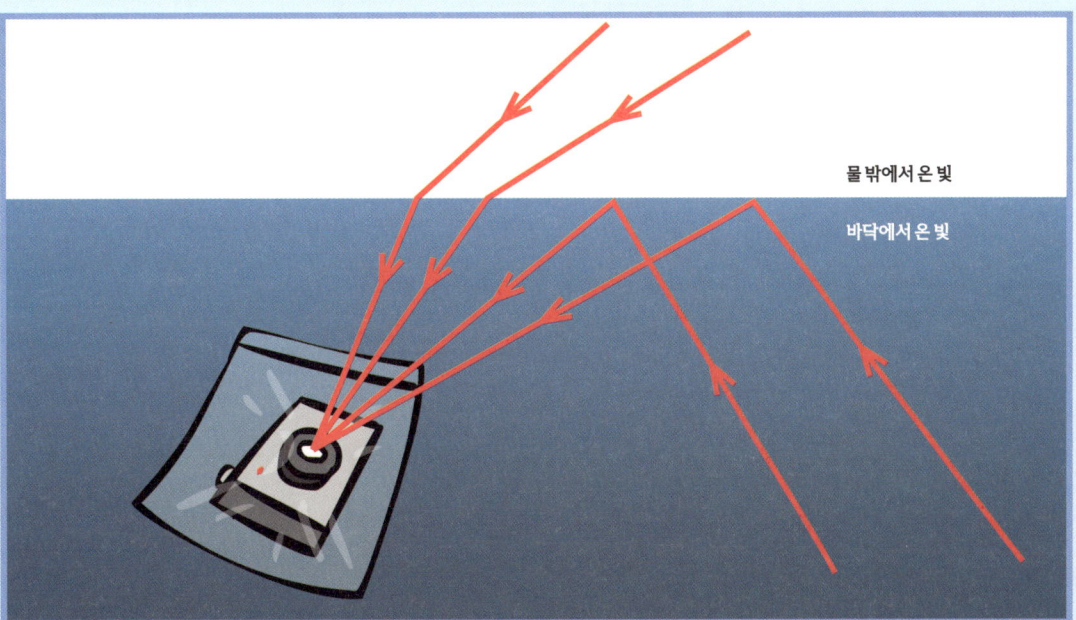

사진이 찍히는 원리

이번에는 비스듬하게 찍은 사진이다. 위쪽으로는 수면의 물결 때문에 천장의 조명이 일그러져 보이지만 아래쪽으로는 물 속이 보이는 것 같다. 마치 물 속에 카메라를 반쯤 넣어서 물 밖과 물 속을 같이 촬영한 것 같다. 하지만 이 장면은 카메라를 수면 아래로 20센티미터 정도 넣고 45도 각도로 기울여서 촬영한 것이다. 중간에 전반사가 시작되는 경계가 보인다. 이 경계면 위 빛은 물 밖에서 오는 것이며 아래의 빛은 물 속에서 오는 것이다.

눈에 보이는 것과 다른 세상 **129**

졌다. 수직으로 올려다본 목욕탕 천장의 모습은 물결 때문에 천장 조명이 일그러져 보였다.

이론상 이 경계면은 우물처럼 동그란 형태를 보여야 한다. 하지만 실제로는 수면으로 착각할 정도로 수면과 나란했다. 왜 그럴까? 경계면이 이루는 넓이를 알아보기 위해 물의 굴절률과 굴절의 법칙을 써서 간단히 계산을 해 보니 경계면과 빛이 이루는 각도는 49도 정도가 되었다. 카메라를 물 속으로 20센티미터 잠기게 했기 때문에 경계면은 지름이 46센티미터인 원이 된다. 20센티미터 떨어진 거리에서 지름이 46센티미터인 원을 보는 것이다. 19인치 모니터 앞에서 한 뼘 떨어져서 화면 전부를 보는 셈이다. 이 정도의 화각을 보려면 고급 광각 렌즈가 필요하다. 렌즈의 크기가 겨우 1원짜리 동전만 한 동생의 카메라로 너무 많은 것을 바랐던 모양이다.

굴절률
굴절되는 정도를 나타내는 값으로 진공에서의 빛의 속력을 기준으로 다른 물질에서의 빛의 속력을 나눈 값이다. 물의 굴절률은 1.33, 공기의 굴절률은 1 정도이다.

굴절의 법칙(스넬의 법칙)
빛이 두 물질의 경계면을 통과할 때 꺾이는 각도와 관계된 식이다.

고래나 개구리나 행복한 세상

혹시 물 속에서 물 밖을 올려다보며 찍은 사진이 있지 않을까 해서 여러 경로로 검색해 보다가 정말 주옥같은 사진 한 장을 발견했다. 로이터 통신이 올해의 사진으로 뽑은 아래의 사진이다.

수영 선수가 다이빙하는 모습을 물 속에서 촬영한 사진이다. 사진 중간

전반사를 가장 잘 보여 주는 사진이다. ⓒNewsis

광각 렌즈
굴곡이 큰 커다란 오목 렌즈를 이용해 넓은 화면을 볼 수 있게 해 주는 렌즈이다.

고래는 동그란 구멍으로만 일그러진 하늘을 볼 수 있다.

부분을 가로지르는 반원을 경계로 아래는 수영장 바닥이고 위는 물 밖 세상이다. 수영장 바닥에서 온 빛이 수면의 아랫부분에서 전반사되기 때문에 사진사가 보고 있지 않은 수영장 바닥도 보이는 것이다. 물 밖에서 오는 빛은 굴절해서 물 안으로 들어와 가장자리가 조금 일그러져 보인다.

과연 이 사진을 본 사람 중 몇 사람이나 수영장 바닥이 보이는 이유를 이해할까? 얼핏 보면 수영 선수가 물 속에 뛰어드는 순간을 잘 포착한 사진에 불과하지만 '눈이 즐거운 물리'의 탐구자에게는 전반사의 원리를 생생하게 보여 주는 감동적인 사진이다. 물 밖에서는 물 속이 보이지만, 물 속에서는 물 밖을 제대로 다 보지 못한다는 것을 말이다.

물 속에 있는 고래가 보는 물 밖 세상은 우물 안 개구리가 보는 그것보다 그리 넓지 않다. 더군다나 개구리는 물 밖에서도 숨을 쉴 수 있으니 언젠가는 우물에서 나와 세상이 우물 속에서 본 것보다 넓다는 것을 알 수도 있지만 고래는 물을 떠나 살 수 없으니 어찌 보면 고래가 더 불행할지도 모를 일이다.

눈에 보이는 것과 다른 세상

등대 렌즈는 주름 물통

특이한 모양의 전등

비릿한 바다 내음을 맡으며 바람에 몸을 맡긴 우리는 청산도로 향하고 있었다. 일찍이 영화 「서편제」에서 세 주인공이 구성진 진도 아리랑을 부르며 내려오던 시골길이 바로 청산도에 있으며, 최근에는 샛노란 유채꽃과 싱그러운 청보리가 가득한 청산도의 언덕이 한 드라마의 배경으로 쓰여 청산도는 이미 유명한 관광지다.

우리는 그 유채꽃밭과 청보리밭에 가기 위해 멀리 완도까지 내려와 배를 탔다. 명색이 멜로드라마 촬영지인데 그냥 밋밋하게 배를 탈 수는 없다며 억지로 우겨 뱃머리에서 아내와 영화 「타이타닉」에 나오는 명장면을 나름대로 재현하고 있었다. 이 깨소금 같은 분위기가 선장님에게는 몹시 눈엣가시였는지 단박에 신경질적인 뱃고동 소리를 연타로 우리에게 날렸다. 멋진 타이타닉 자세는 뱃고동 소리에 깜짝 놀라 금세 초라하게 오그라들었다.

'그렇다고 뱃고동을 울릴 것까지야……'

그나저나 이 우렁찬 뱃고동 소리는 어디에서 울리나. 스피커를 찾아 갑판

주름물통
주름 물통이라고도 한다. 일본어 '자바라(じゃばら, 蛇腹)'는 '뱀의 배'로, 접었다 폈다 할 수 있는 의미가 있기에 붙여진 이름이다.

을 돌아다니다가 기둥에서 이상한 전등 하나를 발견했다. 그냥 평범한 전등이라면 지나쳤겠지만 매우 특이한 유리 모양에 눈을 뗄 수가 없었다. 가운데는 둥그렇고 밖으로 갈수록 층이 있는 것이 접었다 폈다 하는 주름 물통 같았다. 호화 관광선도 아니고 평범한 선박인데 외부 조명에 신경을 쓴 것 같지는 않고, 그럼 뭐지? 이 주름 물통 같은 전등은 단지 멋지게 보이기 위한 것이 아니라 나름의 이유가 있어 설계된 물건이라는 생각이 들었다.

하지만 물어볼 만한 사람이 없었다. 까칠한 선장님은 배를 몰고 계시고 나머지 선원들은 어디 갔는지 보이지 않았다. 어쩔 수 없이 호기심을 접을 수밖에 없었다.

등명기
등대의 불빛을 켜 주는 기계

다시 이런 주름 물통 같은 조명을 보게 된 건 바로 등대에서, 아니 정확히 말하면 등대 박물관에서였다. 한반도 지도에서 호랑이의 꼬리에 해당하는 곳인 포항의 호미곶에 가면 등대 박물관이 있다. 이곳에는 이전에 쓰였던 등대의 등명기를 전시해 놓았는데, 놀랍게도 청산도로 가면서 보았던 전등과 거의 비슷한 모양의 유리로 되어 있었다. 그렇다면 청산도행 배에서 발견한 전등과 등대의 등명기에는 왜 이렇게 이상한 유리를 사용하는 걸까?

등대 렌즈 탐구하기

등대는 밤에 바다를 항해하는 선박에게 자신의 위치를 알려 주는 장치이다. 등대 불빛의

등대의 등명기 렌즈

점등 주기와 불빛의 색깔 등으로 선박에게 정보를 주어 항해하는 지역의 위치를 알려 준다. 따라서 등대의 빛은 되도록 멀리 보낼 수 있어야 한다. 등대의 빛을 멀리 보내기 위해 다양한 렌즈를 사용하게 되는데 그중 하나가 주름 물통처럼 생긴 렌즈인 것이다. 내가 청산도행 배에서 본 주름 물통 모양의 유리 역시 렌즈였던 것이다.

보통 빛은 진행하면서 퍼지는 성질을 가지고 있다. 빛이 퍼지면 멀리 가지 못하기 때문에 퍼지는 빛을 모아 주어야 한다. 이때 쓰는 것이 볼록 렌즈와 오목 거울이다. 우리가 사용하는 손전등이나 자동차의 전조등을 보면 전구 앞에는 렌즈가 전구 뒤에는 오목 거울이 있음을 쉽게 알 수 있다.

등대 역시 빛을 멀리까지 보내기 위해 볼록 렌즈를 사용한다. 더 밝은 빛을 더 멀리 보내려면 볼록 렌즈의 지름도 커지고 두께도 두꺼워진다. 두꺼운 렌즈는 초점 거리가 짧아 빛을 잘 모을 수 있는 장점은 있지만 부피가 크고 비싸다. 따라서 두께가 얇으면서 초점 거리가 짧은 볼록 렌즈가 필요한데 이 두 가지 조건을 만족시키는 것이 바로 주름 물통처럼 생긴 렌즈인 것이다.

이 렌즈는 일반 볼록 렌즈보다 얇은데도 볼록 렌즈처럼 빛을 모아 주는 역할을 한다. 135쪽 그림처럼 빛의 굴절을 담당하는 렌즈의 굴곡은 그대로 유지한 채 렌즈의 불필요한 부분은 제거하면 이 렌즈를 만들 수 있다. 이런 형태의 렌즈를 '프레넬 렌즈'라고 한다. 프랑스의 물리학자인 프레넬이 개발해 그의 이름을 붙였다.(프레넬이 생전에 주름 물통을 보았는지는 의문이다. 사실 프레넬은 프레넬 렌즈의 개발 말고도 수많은 업적을 남긴 과학자이다.)

프레넬 렌즈를 만들기는 사실상 쉽지 않다. 렌즈의 구면을 정확하게 평면상에 동심원으로 배치해야 하는데 그 기술이 도입되기 이전에는 프레넬 렌

하얀 등대와 빨간 등대
하얀 등대는 들어오는 배가 보았을 때 항구의 왼쪽에, 빨간 등대는 항구의 오른쪽에 세운다. 항구로 드나드는 배에게 항구의 정확한 진입로를 안내하는 역할을 한다.

오귀스탱 장 프레넬
(Augustin Jean Fresnel, 1788~1827년)
프랑스의 물리학자로 빛의 직진과 반사, 굴절 등을 파동으로 설명해 빛이 파동의 성질을 가지고 있다는 것을 증명했다.

등대에 쓰이는 프레넬 렌즈 　　　새로 개발된 등대용 프레넬 렌즈
ⓒ한국표준과학연구원

눈이 즐거운 물리

● 두꺼운 렌즈가 빛을 잘 모은다? ●

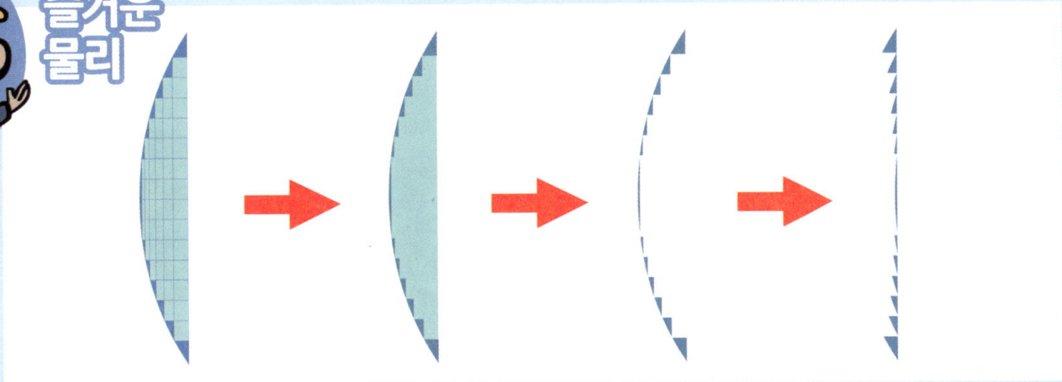

볼록 렌즈에서 빛이 굴절을 일으키는 부분만을 남기고 나머지 부분은 도려내 부피를 줄인다.

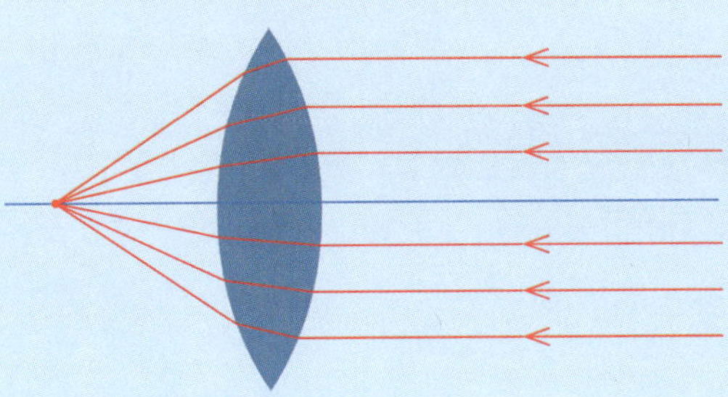

빛을 모으는 볼록 렌즈 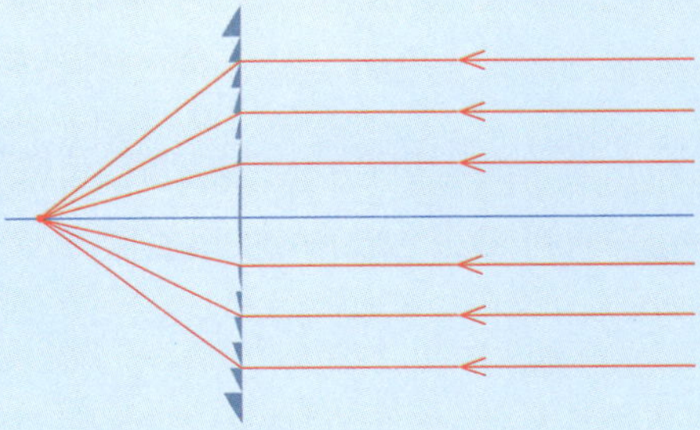   볼록 렌즈처럼 빛을 모으는 프레넬 렌즈

즈의 효과를 볼 수 있도록 프리즘 형태의 렌즈를 사용했다고 한다. 등대 박물관에 전시된 프리즘 렌즈는 커다란 삼각형 프리즘 여러 개를 원형으로 연결해 전등에서 나온 빛이 퍼지지 않고 멀리 나아갈 수 있도록 설계되었다. 최근에는 우리나라 순수 기술로 등대용 프레넬 렌즈가 새로 개발되기도 했다.(134쪽 아래 오른쪽 사진 참고)

결국 청산도행 배의 전등은 멀리서도 볼 수 있도록 프레넬 렌즈의 모양을 하고 있었던 것이다. 프레넬 렌즈는 등대 말고도 여러 곳에 쓰인다고 한다. 우리 주변에서도 흔히 볼 수 있다. OHP 패널의 동심원 모양의 층이 프레넬 렌즈이며, 빔 프로젝터에서 빛을 평행하게 만들어 주기 위해 사용하는 것이 프레넬 렌즈이다. 카메라의 플래시(스트로보)에도 들어 있고 자동차의 라이트에도 사용된다. 덕분에 우리는 안개 낀 날이나 흐린 날에도 멀리서 자동차의 위치를 알 수 있는 것이다.

OHP(Over Head Project)
투명한 필름에 글씨를 써서 빛을 비춰 스크린에 크게 보여 주는 장치

자동차의 라이트와 미등
자동차 라이트의 '유리'도 프레넬 렌즈처럼 많은 주름이 져 있다. 이것 역시 빛을 굴절시켜 전방을 효과적으로 비춰 주기 위한 것이다.

자동차의 라이트   자동차의 미등

눈에 보이는 것과 다른 세상

프레넬 렌즈의 다양한 쓰임새

OHP를 보니 초등학교 시절 쓰던 책받침이 생각났다. 그 시절 책받침 중 어떤 것은 동그란 동심원 모양이 그려져 있었는데 볼록 렌즈처럼 선명하지는 않아도 충분히 교과서의 글자를 확대해서 볼 수 있었다. 생각해 보니 그 책받침도 역시 프레넬 렌즈였다. 생각난 김에 추억 속의 옛날 학용품을 판다는 상점에 들러 당시 책받침을 어렵게 구했다. 동심원으로 파여 있는 홈을 다 연결하면 이것도 거대한 볼록 렌즈가 된다. 교무실에 온 어떤 학생에게 이것이 어디에 쓰는 것 같아 보이는지 물어보니 그저 힐끗 보기만 할 뿐 말 없이 사라졌다. 요즘 아이들은 책받침을 쓰지 않아서일까?

볼록 렌즈에만 프레넬 렌즈가 있는 게 아니었다. 몇 달 전 한 대형 마트의 자동차 용품 코너에서 오목 프레넬 렌즈를 발견했다. 더군다나 이건 흐물흐물한 고무 재질이어서 둥글게 말 수도 있었다. 용도는 자동차 뒷 유리에 부착해 후방을 실제보다 넓게 보이게 하는 것으로 사각을 없애는 기능을 한다고 한다. 실제로 유럽을 여행할 때 프랑스의 한 도시에서 버스 뒤에 이런 것이 붙어 있는 것을 본 적이 있다. 신기해서 사진을 찍었는데 지금에 와서 보니 이것이 바로 오목 프레넬 렌즈였다.

사각을 없애는 오목 프레넬 렌즈　　　**프랑스의 버스에서 본 오목 프레넬 렌즈**

화창한 날 날씨가 좋아 책받침 프레넬 렌즈와 신문지를 가지고 운동장에 나갔다. 볼록 렌즈 대신 프레넬 렌즈로도 신문지에 햇빛을 모아 보기 위해서였다. 예상대로 금세 불이 붙었고 여지없이 연기를 내며 타들어 갔다. 어느새 아이들이 하나둘 모여들었고 이 아이들에게 얇은 플라스틱 판으로도 빛을 모을 수 있다는 것을 간단히 설명하고 직접 해 보라고 건네주니 아이들은 너나없이 신문 광고 모델의 눈만 골라 열심히 태우고 있었다. 어쩜 그리

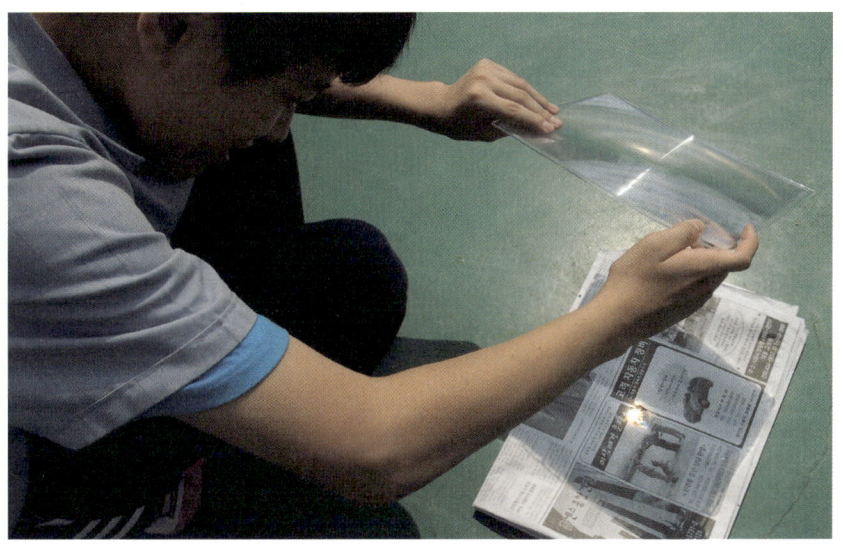

프레넬 렌즈로 햇빛을 모으면 신문지에 불을 붙일 수 있다.

사내 녀석들은 옛날이나 지금이나 똑같은지. 거기다 한술 더 떠 한마디 덧붙였다.

"야, 담뱃불도 붙일 수 있겠다!"

옆자리 선생님께 이 이야기를 하니 한때 명함 크기의 프레넬 렌즈가 유행한 적이 있었다고 말해 주었다. 지갑에 넣고 다니면서 라이터가 없을 때 햇빛을 이용해 실제로 담뱃불을 붙였다나? 사내들은 아이나 어른이나 똑같은 모양이다.

프레넬 렌즈를 또 어디에 쓸 수 있을까요?

눈에 보이는 것과 다른 세상

디트로이트 사이언스 센터의 과학 쇼
(도구의 원리 설명)

방방곡곡 눈이 즐거운 과학관 산책 3

공연하는 테마형 과학관

몇 년 전 미국의 디트로이트 사이언스 센터를 방문했을 때였다. 갑자기 한쪽에서 함성이 들렸고 마치 축제인 것처럼 아이들의 웃음소리로 박물관이 떠나갈 듯했다. 알고 보니 시간마다 열리고 있는 과학 쇼 때문이었다. 이처럼 매 시간 과학 쇼가 열린다면 과학관이 지루할 틈이 없을 것이다. 주제도 아주 흥미로웠다. 색 우산을 이용한 빛의 합성과 테슬라 코일 방전과 같은 제법 위험한 쇼도 있었다.

디트로이트 사이언스 센터의 과학 쇼(빛의 합성 실험)

디트로이트 사이언스 센터의 과학 쇼(테슬라 코일 방전 공연)

우리나라 과학 박물관들도 여러 가지 과학 공연들을 보여 주고 있다. 국립 과천 과학관에서는 매달 다양한 과학 행사들이 열린다. 과학 뮤지컬, 과학 송 경연 대회, 과학 캠프 등 시간 맞춰 들러 보면 다양한 볼거리를 경험할 수 있다. 일반 전시관에서는 매시 정각에 테슬라 코일의 방전을 공연처럼 보여 주는데, 시연 시간이 다소 짧다는 게 아쉽다.

또 다른 곳으로 LG 사이언스 홀도 추천할 만하다. 서울과 부산에 있는데 규모는 작지만 꽤 흥미진진한 공연들을 보여 준다. 미리 예약을 하고 방문해야 한다.

국립 과천 과학관(테슬라 코일)

참고 자료

김상협 선생님이 참고한 도서

우주 여행 핸드북
에릭 앤더슨, 조슈아 피븐 / 권오열 옮김, 길벗, 2006년

여행을 할 때 지도와 함께 볼거리 구경거리 등이 자세히 기록되어 있는 친절한 여행 안내서가 있다면 여행이 한결 즐거워질 것이다. 그러면 우주를 여행하려면 어떤 안내서가 필요할까? 이 책은 바로 이런 아이디어에서 출발한다. 우주 여행의 출발부터 일정, 우주에서 먹을거리, 우주에서의 생활, 지구로의 귀환 과정까지 실감나게 들려준다.

물리학자는 영화에서 과학을 본다
정재승, 동아시아, 2002년

영화 속 과학과 비과학을 재치있게 분석하는 책으로 과학 영화책의 원조라고 볼 수 있다. 50여 편의 과학 영화에서 과학적으로 불가능한 상황을 철저하게 분석했다. 특히 저자의 유머 넘치는 문장은 이 책을 베스트셀러에 올려놓기에 충분하다.

시크릿 하우스
데이비드 보더니스 / 김명남 옮김, 생각의 나무, 2006년

평범한 하루, 24시간 동안 일어나는 일들을 다룬 책이다. 첫 문장은 이렇게 시작한다. '자명종 시계에서 동심원을 그리는 파동이 둥글게 뻗어 나오기 시작하더니 마하 1의 속도로 달려 사방으로 퍼진다.' 대부분의 문장들이 이런 식이다. 자명종 소리에 깨는 단순한 상황을 온갖 과학 지식을 동원해 꼼꼼하게 분석해 가며 숨겨진 과학 원리들을 멋진 글솜씨로 풀어낸다.

과학자들은 싫어할 오류와 우연의 과학사
페터 크로닝 / 이동준 옮김, 이마고, 2005년

'인간은 결코 오류에서 벗어날 수 없다.' 책의 첫머리부터 괴테의 격언을 들먹이며, 스무 편의 과학 이야기의 결론이라고 단정 짓고 시작한다. 이제껏 엉터리를 발견하고서 유명해졌고, 어쩌다가 발견했다는 이야기를 이렇게 진솔하게 쓴 책은 없을 것이다. 마지막에는 이런 오류와 우연도 과학의 한 부분이라며 과학적 관찰과 추론 과정을 강조한다.

원자 폭탄 만들기 1, 2
리처드 로즈 / 문신행 옮김, 사이언스북스, 2003년

어려운 책이지만 끝까지 읽을 만하다. 역사책인 동시에 과학책의 역할을 다하고 있다. 원자 폭탄이 만들어지고부터 일본의 히로시마와 나가사키에 투하되기까지의 과정을 실감나게 다루고 있다. 원자 폭탄의 원리는 물론, 제작에서 작전 수행에 이르기까지 관여한 모든 과학자의 인생과 열정을 다큐멘터리처럼 상세히 전해 준다.

산꼭대기의 과학자들
제임스 트레필 / 정주연 옮김, 지호, 2001년

과학을 공부하기 위해 굳이 연구실이나 강의실에 갈 필요가 없다며, 세상이 모두 하나의 거대한 물리학 연구실이라고 주장하는 저자의 실험 보고서이다. 산과 계곡에서 볼 수 있는 여러 가지 과학 현상들을 깊이 있는 과학 지식으로 풀어낸 영양가 있는 책이다. 다소 어려운 부분도 있지만 새로운 과학지식을 얻는 즐거움이 더 큰 책이다.

거의 모든 것의 역사
빌 브라이슨 / 이덕환 옮김, 까치, 2003년

말 그대로 '거의 모든 것의 역사'가 이 책 안에 있다. 과학의 거의 모든 분야를 휩집고 다니면서 그 핵심 개념들의 역사를 아주 명쾌하고 유쾌하게 풀어내고 있다. 처음 들어보는 역사의 뒷이야기는 흥미진진하고, 유명하지만 비겁한 어느 과학자의 흠결을 상세히 들춰내는 부분에서는 통쾌하기까지 하다. 책은 두껍지만 생각보다 빨리 읽을 수 있는 신기한 책이다.

코스모스
칼 세이건 / 홍승수 옮김, 사이언스북스, 2004년

더 이상 말이 필요 없는 책. 중고등학교 학생이라면 수학의 정석 같은 책. 반드시 읽어야 하고 몇 번 읽어도 지루할 틈 없는 최고의 과학책으로 여겨진다. 두꺼운 책이 부담스럽지만 다 읽어야 한다는 부담만 없다면 천천히 음미해 가면서 읽어도 우주와 자연의 신비로움에 빠져드는 자신을 발견할 것이다.

과학교사를 위한 빛과 파동
김중복, 김현아, 김수경, 홍릉과학출판사, 2006년

과학책이 지식을 알려 준다면 이 책은 지식을 효과적으로 알려 주는 방법을 다루고 있다. 여러 사례와 오개념 연구 등을 바탕으로, 빛과 파동을 어떻게 가르쳐야 학생들의 이해를 도울 수 있을지를 가르쳐 주는 책이다.

김상협 선생님이 추천하는 도서

번쩍번쩍 빛 실험실
김경대, 현종오, 주니어김영사, 2000년

집에서도 간단한 잡동사니로 실험할 수 있는 다양한 실험을 선보이고 있다. 빛과 관련된 과학의 역사는 만화처럼 우스꽝스럽고, 실험들은 간단하지만 신기한 것들이 많다. 준비물과 실험 방법들이 자세하게 기술되어 있어 따라하기 쉬운 것이 이 책의 가장 큰 장점이다.

번들번들 빛나리
닉 아놀드 / 이충오 옮김, 주니어김영사, 2001년

빛의 여러 가지 성질을 재미있는 만화와 실험으로 구성해 낸 책이다. 손전등과 거울 등 간단한 도구만으로도 빛의 성질을 알 수 있다. 중간중간 나오는 퀴즈는 읽는 즐거움을 더해 준다.

드디어 빛이 보인다!
윤혜경 엮음, 성우, 2001년

빛에 대한 모든 궁금증이 다채로운 그림으로 설명되어 있다. 단순히 빛과 관련된 현상의 설명에서 벗어나 빛을 이용한 도구와 기술, 빛을 연구한 과학자들, 빛과 예술 등 다양한 영역에서 빛을 소개하고 있다.

온몸이 물리 천지
서울대학교 물리교육과 상황물리교육연구실, 이치, 2006년

아르키메데스와 모르키메데스 박사가 대화 형태로 온몸에 숨어 있는 물리 지식을 알려 주는 특이한 구성의 책이다. 어려운 물리학 개념이 튀어나오긴 하지만 왠지 몸에 물리가 있다고 생각하니 친밀감이 생긴다. 맨몸으로 물리학 실험을 할 수 있는 장점이 있지만, 사진과 삽화가 조금 부족해 보인다.

과학으로 만드는 배
유병용, 지성사, 2005년

물과 공기와 같이 흐르는 것들을 유체라고 한다. 대학교에서 물리학을 배우지 않으면 초등학교 이후로 유체를 배울 기회가 전혀 없다. 그래서 중요한 물리학 개념임에도 불구하고 사람들이 잘 알지 못한다. 이 책은 이런 유체 역학을 아주 쉽게 풀어 쓴 책이다. 배가 만들어지는 과정과 배를 잘 만들기위한 여러 이론들을 다양한 사진으로 멋지게 들려준다.

빙하, 거대한 과학의 나라
홍성민, 봄나무, 2006년

빙하를 연구하는 과학자가 남극에서 들려주는 빙하와 탐험 이야기로 흥미진진한 극지 탐험의 역사와 빙하의 비밀을 생생하게 들려준다. 빙하에 숨은 물리학적, 생물학적 정보와 지구의 역사를 자세히 설명하면서도 결코 어렵지 않은 친절함이 묻어나는 문장으로 서술되어 있다. 이야기하듯 들려주는 남극탐험 이야기는 이 책의 최고 백미이다.

블랙홀에서 살아남는 법
폴 파슨스 / 이충호 옮김, 미래인, 2012년

지금 '만약 커다란 소행성이 지구로 다가오고 있다면' 시민들은 공포에 떨겠지만 과학자들은 해결 방법을 모색하게 된다. 이 책은 이런 문제들이 주어지면 과학자들이 갖가지 이론들을 동원해 해결 방법들을 찾는 과정을 재미있게 풀어낸 책이다. 새로운 과학 지식들과 완성도 높은 삽화가 버무려져 알기 쉽게 구성되어 있다.

김상협 선생님이 이용하는 과학 실험 도구 사이트

한도움사이언스마트 www.handoum.com
신나는 과학을 만드는 사람들과 함께 과학 실험 키트를 처음 도입해 판매한 과학 실험 교구 쇼핑몰이다. 다양하고 저렴한 각종 실험 키트를 판매한다.

참사이언스 www.charmscience.co.kr
작은 규모로 화학 실험을 할 수 있는 SSC와 창의적인 키트 등을 판매한다.

세원과학사 www.swsciencemall.com
일반적인 과학 실험 기구와 재료를 구입할 수 있는 규모 있는 전문 쇼핑몰이다.

바이스쿨 www.buyschool.kr
유아와 초등학생 위주의 과학 교구와 키트를 판매하는 곳이다. 아기자기한 실험 기구들이 많이 있다.

시앙스몰 www.scimall.co.kr
과학동아가 만든 과학 교구 전문 쇼핑몰이다. 과학동아와 연계된 키트와 실험 기구들이 많이 있다.

케이에스스토어 www.ksstore.co.kr
외국의 과학 실험 키트 등을 판매하는 곳이다. 다양하고 세련되게 구성되어 있는 외국의 실험 키트를 접할 수 있다. 가격이 조금 비싼 것이 단점이다.

찾아보기

가
거품 상자 62
골 23-24
광각 렌즈 130
교류 70
굴절 22
굴절률 130
굴절의 법칙 130
글렌 낙하탑 105
기본 입자 62

나
나트륨등 107
난반사 41, 43, 49
네오디뮴 자석 13

다
대류 62
델리네이터 53
도난 방지 태그 79
등명기 133

마
마루 23-24
마찰 전기 74
맥스웰, 제임스 클러크 95
무중력 상태 101, 104-105
미르 우주 정거장 101

바
바늘 구멍 사진기 29
바늘 구멍 안경 32
바늘 자석 74
바코드 75
백색등 108
부력 62
분광기 25-26

사
스펙트럼 110-111
시야 122
실상 29

아
아르곤 112
RFID 태그 88
아세톤 86
열전도도 79
OHP 135
이그노벨상 62
이산화탄소 57

자
자기력선 보이개 15
자기 스위치 18
자기장 14
자유 낙하 102
전반사 125, 130
전자기 차폐 92
전자기 파동 76-77
전자 현미경 38, 59
정반사 41, 43
조도 111
주름 물통 133
줄밥 14
직류 70
진동수 69

차
초점 29

카
콘덴서 81

타
테이블 벨 90-95

파
파장 93
폴랴코프, 발레리 100-101
표면 장력 54
표지병 53
프레넬, 오귀스탱 장 134
　프레넬 렌즈 134-137
PVC 86

하
핸즈 온 뮤지엄 96, 114
회절 22, 26
회절 격자 분광기 25-26
효모 57

눈이 즐거운 물리

1판 1쇄 펴냄 2010년 12월 31일
1판 4쇄 펴냄 2019년 11월 1일

지은이 김상협
펴낸이 박상준
펴낸곳 (주)사이언스북스

출판등록 1997. 3. 24.(제16-1444호)
(06027) 서울특별시 강남구 도산대로1길 62
대표전화 515-2000, 팩시밀리 515-2007
편집부 517-4263, 팩시밀리 514-2329
www.sciencebooks.co.kr

ⓒ김상협, 2010. Printed in Seoul, Korea.

ISBN 978-89-8371-291-2 04400
     978-89-8371-290-5(세트)